畜禽养殖非点源污染负荷计算机理模型及养殖敏感区划技术

邓小文　卢学强　张涛　袁雪竹　等著

U0347666

中国环境科学出版社·北京

图书在版编目（CIP）数据

畜禽养殖非点源污染负荷计算机理模型及养殖敏感区划
技术/邓小文等著. —北京：中国环境科学出版社，2012.12
ISBN 978 – 7 – 5111 – 1140 – 1

Ⅰ.①畜… Ⅱ.①邓… Ⅲ.①畜禽—养殖场—非点污
染源—模型—研究 Ⅳ.①X713

中国版本图书馆 CIP 数据核字（2012）第 229609 号
审 图 号 津 S（2013）007

责任编辑 王新程 董蓓蓓
责任校对 尹 芳
封面设计 彭 杉

出版发行 中国环境科学出版社
（100062 北京东城区广渠门内大街 16 号）
网 址：http://www.cesp.com.cn
联系电话：010 – 67112765（编辑管理部）
发行热线：010 – 67125803，010 – 67113405（传真）
印 刷 北京市联华印刷厂
经 销 各地新华书店
版 次 2012 年 12 月第 1 版
印 次 2012 年 12 月第 1 次印刷
开 本 880 × 1230 1/32
印 张 4.75
字 数 120 千字
定 价 39.00 元

《畜禽养殖非点源污染负荷计算机理模型及养殖敏感区划技术》

著作小组

邓小文　卢学强　张　涛　袁雪竹

陈　红　马建立　周　滨　焦永杰

张良运　张晓惠　王树岩　邵金修

涂鑫鑫　周丽莎　杨　静　董　菁

前　言

　　畜禽养殖非点源污染是农业非点源污染的一种，它是指畜禽粪便中溶解性或固体污染物在大面积降雨和径流冲刷作用下，汇入收纳水体而引起的水体污染。畜禽粪便中的氮磷营养物质、细菌、病原体随降雨进入江河、湖泊，会引起水体悬浮物浓度升高，有毒有害物质含量增加，溶解氧减少，水体出现富营养化和酸化趋势，不仅直接破坏水生生物的生存环境，导致水生生态系统失衡，而且还影响人类的生产和生活，威胁人类健康。

　　由于我国发展集约化养殖业的时间比较短，总体上讲，污染物收集处理、粪便资源化装备水平较差。长期以来各级政府对畜禽养殖都采取扶植态度，将其作为国民经济的增长点；但是对畜禽养殖污染的严重性和污染治理的必要性认识不足，很长一段时间内并没有把畜禽污染治理作为环境保护监督管理的内容，也没有将畜禽养殖作为污染防治的一个重要手段，这些造成了我国畜禽养殖业对环境的严重污染。

　　为控制畜禽养殖非点源污染，我国在"十二五"规划中已明确将畜禽养殖污染源作为减排的重点任务之一。国家环保总局也相继颁布了《畜禽养殖污染防治管理办法》、《畜禽养殖业污染物排放标准》（GB 18596—2001）和《畜禽养殖业污染防治技术规范》等文件。但是由于畜禽非点源污染存在"随机性、难确定性"等特征，加之先前相关领域研究基础薄弱，致使在畜禽面源污染管理中存在"污染负荷底数不清，估算方法精度低"、"重点控制区域难以确定"、"小型养殖户难以管理，缺乏适宜污染防治技术"等问题。尤其是分散型养殖户，由于其养殖规模小、经济基础差、难以统一管理等原因，致使其粪便普遍处于无处理任意排放的状态，对环境污染极其严重，已成为我国畜禽养殖面源污染治理的难点。

本书针对我国畜禽养殖非点源污染防治技术和管理研究缺乏的现状，从污染负荷计算、污染敏感区识别等方面，提出一系列农村污染防治技术和管理方法，并集成为一套技术管理体系，可普遍适用于我国大部分农村地区的畜禽养殖管理。本书共分为理论篇和应用篇两大部分，共6个章节。第1、2章为理论篇。第1章介绍畜禽粪污的污染负荷的计算方法，重点推荐机理模型计算方法；第2章介绍畜禽养殖敏感区的划分方法，用于制定养殖分区。第3章开始为应用篇。第3章介绍实例研究流域——潮白新河下游流域养殖和污染特点；第4章介绍机理模型在潮白新河下游流域的应用研究；第5章介绍畜禽养殖敏感区研究在潮白新河下游流域的应用研究；第6章介绍潮白新河下游流域养殖区划制定的技术过程。

本书内容来自"GEF 海河项目——潮白新河下游流域畜禽养殖面源污染控制示范"、"GEF 海河项目——潮白新河下游流域水环境水生态综合管理规划"、"天津市农村环境保护最佳实用技术"、"水专项课题——北运河下游污染源治理技术与示范"、"于桥水库周边村落面源污染防治新技术"等项目的支撑。在此，向参加项目工作的 GEF 海河项目办公室、天津市环保局固体处、水污染防治处、生态处、天津市水利科学研究院、蓟县环保局等相关单位表示衷心的感谢！

本书适合畜禽技术人员、乡镇领导干部、农村环境管理人员、污染防治工程技术人员以及从事畜禽养殖环境保护的科研工作人员阅读。

由于时间和水平有限，书中疏漏和错误之处在所难免，敬请广大读者批评指正。

概 论

　　畜禽养殖非点源污染是我国畜禽养殖业发展的中国特色之一。在国外，尤其是养殖业发展比较成熟的国家，如美国、加拿大，畜禽养殖污染均属于点源污染，因为这些国家养殖模式以大农场式规模化养殖为主，畜禽粪污集中处理、集中排放，造成的污染被定义为点源污染。而我国分散养殖占养殖业的绝对主流，散养粪污多无集中收集处理措施，遇降雨造成污染流失，污染形成符合非点源污染的"广泛性、随机性、不易控性"等特点，因此，我国的畜禽养殖污染被定义为非点源污染。

　　我国是一个养殖量大国，畜禽粪便产生量巨大。长期以来，各级政府对畜禽养殖普遍采取扶植态度，将其作为农村经济发展的重要支撑，但对畜禽养殖污染的严重性和污染治理的必要性认识不足，很长一段时间没有把畜禽污染治理作为环境保护监督管理的内容，使得我国畜禽养殖业非点源污染十分惊人。据中华人民共和国环境保护部统计，早在1999年，我国畜禽废弃物排放总量就达到了19亿t，是工业固体废弃物的2.4倍。截至2006年，我国畜禽污染物的产生量已高达26.5亿t，折合COD总量约为1亿t，是目前全国污水排放的COD总量的7.3倍。

　　目前，我国分散型畜禽养殖量占养殖规模的一半以上，养殖废弃物大多在没有任何污染治理措施的条件下直接排入环境。保守估算，每年至少有15亿t以上粪污直接进入环境。相关研究表明，我国畜禽养殖业每年排入水体的化学需氧量（COD_{Cr}）、生物需氧量（BOD_5）、总氮（TN）、氨氮（NH_3-N）、总磷（TP）总量分别达到647万t、600万t、87万t、34.5万t，造成广泛的面源污染。

随着我国工业污染源管理力度逐渐加强和管理制度日趋完善，工业点源排放已经初步得到有效控制，而农业非点源污染管理将成为我国新的污染防治热点和难点。尤其是畜禽非点源污染问题，由于其污染量大、污染源分散以及涉及保护散养户等弱势群体的利益问题，更应该得到充分的重视。

但是，畜禽非点源污染的控制难度明显高于工业点源，这是由于畜禽非点源污染具有如下特点：

（1）随机性

从畜禽非点源污染的起源和形成过程分析，非点源污染与区域的降水过程密切相关。此外，非点源污染的形成与其他许多因素，如土壤结构、农作物类型、气候、地质地貌等密切相关。由于降水的随机性和其他影响因子的不确定性，决定了非点源污染的形成具有较大的不确定性。

（2）广泛性

分散型养殖在我国分布极为广泛，从东部沿海到西部内陆，分散型养殖均为最主要的养殖经营模式。畜禽粪污随降雨产生的面源污染也随处可见，其所产生的生态环境影响更是深远而广泛。

（3）模糊性

影响畜禽非点源污染的因子复杂多样，降雨、地形、养殖措施均会对非点源污染造成明显的影响。因此，畜禽非点源污染产生的污染负荷往往难以计算，很多污染匡算方法精度较低，使得非点源污染具有较大的模糊性。

我国畜禽养殖经营模式处于分散养殖为主体，多种经营模式共存的状态。不同于国外大牧场的养殖方式，小型分散养殖户为我国畜禽养殖的主力军。因此，我国的畜禽养殖非点源污染管理和污染防治技术不能照搬国外的养殖经验。养殖业的极度分散是我国养殖污染治理困难的最主要原因，分散养殖不易于对养殖单元的管理，更无法对污染源采取大规模集中强制治理措施。

为控制畜禽养殖非点源污染，我国在"十二五"规划中已明确将畜禽养殖污染源作为减排的重点任务之一，但是由于畜禽非点源污染存在"随机性、难确定性"等特征，加之先前相关领域研究基础薄弱，致使在畜禽面源污染管理中存在"污染负荷底数不清，估算方法精度低"、"重点控制区域难以确定"等问题。尤其是分散型养殖户，由于其养殖规模小、经济基础差、难以统一管理等原因，致使其粪便普遍处于无处理任意排放的状态，对环境污染极其严重，已成为我国畜禽养殖面源污染治理的难点。

从畜禽污染控制角度而言，管理者应从如下几个方面入手：

（1）摸清养殖底数，计算区域污染负荷总量

摸清区域的非点源污染负荷底数是污染防治管理的首要问题。明确的畜禽污染产生量和流失量是管理者制定污染防治政策的前提和基础。畜禽污染的产生量相对易于统计，由于我国畜禽管理部门对于当地牲畜的存栏量和出栏量都有统计记录，利用畜禽的产污系数，可以计算出畜禽的粪便（包括尿液）产生量，以及其中污染物指标的含量，如 COD、总氮等。但是，畜禽污染的流失量（即污染负荷量）难以计算。对于点源污染来说，排放量即为流失到环境的污染负荷量，而对于畜禽非点源污染来说，畜禽粪便产生后，遇降雨造成的淋溶流失量才是真正污染负荷量。畜禽非点源污染负荷相比于点源污染更加难以计算。

（2）畜禽养殖治理的重点区、敏感区确定

受水文、地貌等自然因素影响，并不是所有地方造成非点源污染的概率相等，部分地区由于距河道较近或地势起伏的原因，更容易形成非点源污染，这些区域可以称为非点源污染的敏感区域。对于畜禽养殖的治理，如果采用全流域规模治理的方法，会消耗大量的人力、物力，却得不到最佳效果。所以划分出更易于形成畜禽面源污染的敏感区域，对敏感系数较高的区域集中治理才是更为有效、经济的方法。

（3）分区治理，引导农民走规模化养殖之路

判断当地畜禽养殖污染的严重区域，通过对整个区域采用分层次处理的方法可以有效提高污染治理效率，并形成畜禽养殖区划方案。结合当地养殖模式因地制宜地选用污染治理措施，控制面源污

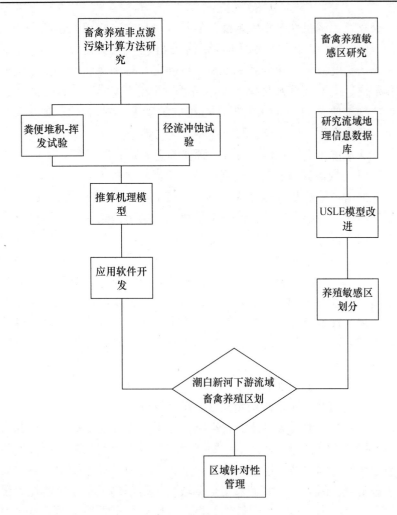

图1　本书内容流程

染扩散，引导农民走资源化道路。

　　本书以农村畜禽养殖面源污染为研究对象，以相关的管理技术和污染防治技术为切入点，提出以"污染负荷计算—养殖敏感区划分—畜禽养殖区划—区域针对性治理"为主线的污染管理和防治技术方法（图1）。研究依次解决了"污染量多少"、"哪里污染严重"、"如何针对性处理"三个问题，形成了一套严密的畜禽非点源污染管理和控制的系统解决方案，并通过在潮白新河下游流域的示范研究论证研究成果的可行性和可操作性。本书力争为我国畜禽污染防治提出一套软技术与硬技术相结合的污染管理防治技术集成，为完成"十二五"减排工作以及新农村建设提供技术支撑和科学方法。

目　录

理论篇

应用篇

理　论　篇

第1章 畜禽养殖污染负荷计算技术

1.1 畜禽养殖面源污染负荷研究进展

畜禽养殖非点源污染具有空间异质性、不确定性和难监测性等特点。空间异质性是指由于养殖地点的条件如土地利用状况、地形地貌、气候等条件不同造成相同养殖量而污染负荷不同。不确定性是指区域内粪污受侵蚀情况会随当地降雨量的大小和密度、温度、湿度的变化而变化。难监测性是指畜禽面源污染难以通过专业仪器或设备进行实地测量。

畜禽非点源污染的自身特点，为污染负荷监测计算增加了困难。目前污染负荷计算方法普遍精度不高，为了提高畜禽面源污染环境负荷计算精度，改善畜禽面源污染治理现状，国内外学者在畜禽养殖污染负荷方面进行了大量的研究探索。

1.1.1 国外研究进展

以欧美为代表的发达国家，其畜禽养殖已然产业化、集约化、规模化，大型农场将养殖带来的废物、废水等收集并进行清洁处理，视污染为点源核算，因此其畜禽污染负荷的计算方法并不适用于我国情况。

国外对于农业面源污染负荷研究起步较早，经过长期研究修正，诸多非点源污染模型已经比较成熟并在实际应用中取得了较好的效果。虽然这些面源污染模型主要针对种植业，但对于我国畜禽面源污染负荷匡算仍具有借鉴意义。下面简要介绍国外几个非点源污染模型。

（1）AnnAGNPS 模型

Annualized Agricultural Non – pointSource Pollution Model（AnnAGNPS）是由美国农业部开发研制的，该模型模拟评估流域地表径流、泥沙侵蚀和氮磷营养盐流失的情况，是一款连续型分布式参数模型，其优势之处在于：以日为基础连续模拟一个时间区间里每天的径流、泥沙、养分等输出及累计结果，可用于评价流域内非点源污染长期影响；根据地形水文条件进行流域集水单元（cell）的划分，且可以模拟大尺度流域，与 GIS 可以较好集成，模型参数大多可自动提取，结果显示度显著；采用 RUSLE 预测泥沙生成量等信息。2001 年，学者 Y. Yuan，R. L. Bingner 和 R. A. Rebich 等采用了 AnnAGNPS 模型评估了密西西比河三角洲管理系统评价区流域存在的问题。

（2）SWAT 模型

Soil and Water Assessment Tool（SWAT）由美国农业研究中心研制；特点是应用于较大尺度流域的长时段分布式水文条件，具有很强物理机制；集遥感（RS）、地理信息系统（GIS）和数字高程模型（DEM）三项技术于一身，能高效模拟和预测较长连续时间内不同管理模式对大面积复杂流域的水质、沉淀物、营养物和农业化学物质输入与输出的影响，是进行非点源污染监测的有效模拟工具。许多研究者都已经研究了 SWAT 模型在水文和水资源评价方面（如地下水、土壤水、融雪和水管理，土地利用和土地管理变化、农业最佳管理措施，气候变化等）的成功应用，且适用于实测资料相对缺乏的地区，目前在国内外得到了广泛应用。2007 年，学者 M. K. Jha，P. W. Gassman 和 J. G. Arnold 采用 SWAT 方法建立了阮昆河汇水区水质模型。

（3）WARMF 模型

Watershed Analysis Risk Management Framework（WARMF）是一个以水环境为核心的流域管理决策支持系统，通过引导项目受益者参与到水质管理方案制定、总量负荷计算、分配、成本/效益分析中来，达到对整个流域顺利管理的目的。

WRAMF 模型将流域划分为子流域、河流单元与湖层，水文模块模拟树冠截留、积雪层的堆积与融化、土层的渗透与蒸散发、地下水的侧向渗漏（进入河流）、河流水力演进以及末端水库的水力演进，模拟从降雨透过树冠、穿过土层、进入河流，最后汇入湖泊的完整过程（Carl W Chen，2001）。这些过程中，化学模块执行质量守恒与化学平衡计算，考虑了沉积到树冠上干沉降、树冠上氨的硝化作用、从树液到树冠表面的离子淋滤作用、穿透雨的冲刷作用、融雪的离子淋滤作用、土壤过程，如垃圾产生、分解、硝化、反硝化、阳离子交换、阴离子吸附、风化与氮的吸收等。2010 年，学者 S. Dayyani 应用 WARMF 模拟寒冷地区农业瓦排水汇水区的水文和氮素去向和迁移状况。

1.1.2　国内研究进展

（1）排泄系数法

排泄系数法是最为常用的畜禽面源污染负荷计算方法，根据畜禽的粪便排泄系数估算出污染物产生量、流失污染负荷、氮磷钾养分流失量，进一步分析农田畜禽粪便负荷。

①畜禽粪便污染物排泄系数的确定

通过资料统计出一定地域范围和时间范围内的畜禽数量，主要以猪、牛、羊、家禽为调查对象，根据国家环保局或各地环保局推荐的估计系数，也可借鉴国外的科研手册和我国研究所实验结论，结合当地实际情况，最后综合得出畜禽粪便污染物排泄系数。排泄系数是指单个动物每天排出粪便的数量、与动物的种类、品种、性别、生长期、喂养饲料甚至天气条件等诸多因素有关。日排泄系数一般单位为 g/[（头或只）·d]，再根据本地畜禽的存栏和出栏情况，得出年排泄系数的单位 kg/[（头或只）·a]。

②畜禽粪便污染物产生量估算

由于畜禽种类各异，生长周期也不尽相同，可将待估算畜禽的排污量转换为已知排泄系数动物的相应量（例如猪、牛、羊）进行畜禽粪尿产生量推算。根据全年畜禽饲养量、粪尿及其污染物排泄系数得出本地区畜禽粪便污染物的年产生量。

③畜禽粪便流失污染负荷估算

畜禽粪便最后都要部分或者全部进入水体，途径有二：一是在饲养过程中直接排放入水；二是在堆放储存过程中因降雨降雪，漫渗地下，风化等原因入水。研究表明，我国畜禽粪便的流失率为30%～40%，一般按流失率30%计算。

④氮磷钾养分流失估算

按畜禽粪便的养分含量计算出畜禽粪便流失造成的全年氮（TN）、磷（P_2O_5）、钾（K_2O）的流失量。

⑤农田畜禽粪便负荷量分析

农田畜禽粪便负荷量可以间接估量当地畜禽饲养密度及畜禽养殖业布局的合理性。各类畜禽粪便的肥效养分差异较大，可统一换算成某一种畜禽粪当量值（标准值）加以分析。确定本区畜禽粪便当量负荷量范围；在化肥习惯施用量的基础上，确定标准值的适宜值和最大施用量上限；确定本区畜禽粪便负荷量警报平均值，查看畜禽粪便负荷量是否已超出了农田的消纳能力，是否对周围环境构成一定的威胁。

（2）SCS – USLE 模型法

降雨—径流过程是非点源污染物输出的动力来源，水土流失是污染物迁运转移的载体。径流曲线数法和通用土壤流失方程（USLE）进行年径流量和土壤侵蚀量的估算，在此基础上，最后进行了畜禽面源污染中氮磷污染物负荷输出的计算。

①SCS 曲线方程已被广泛应用于水文、土壤侵蚀和水质等模型中，它是美国土壤保护局（SCS）提出的计算降雨过程径流深度 Q 的经验公式，全年日径流量深的和就是年径流深。公式为：

$$Q = (P - 0.2S)^2/(P + 0.8S)$$
$$P > 0.2S$$
$$Q = 0$$

$$P \leqslant 0.2S \tag{1-1}$$

式中：Q——径流量，mm；

　　　P——降雨量，mm；

　　　S——水土保持参数。

式中水体保持参数 S 的影响因素复杂多变，不易确定。因此 SCS 通过归纳 3 000 多种土壤的资料，提出一个无量纲（量纲为 1）参数 CN（径流曲线数），并规定如下关系式：

$$S = (25\,400/\text{CN}) - 254 \tag{1-2}$$

CN 是用来描述降雨前流域特征的综合参数，它的确定与植被种类、水文情况、农耕方式、坡度大小、土地利用和土壤类型及流域前期土壤湿润度等因素有关。可以参照研究区域内的各项条件，参照 SCS 曲线计算方法提供的取值条件，确定了不同土地利用方式下的 CN 值。给出中等含水量时的 CN 值，当土壤处于干旱或饱和含水量时，则需分别以式（1-3）和式（1-4）进行校正。

$$\text{CN}_1 = \frac{\text{CN}_2}{0.403\,6 + 0.005\,9\text{CN}_2} \tag{1-3}$$

$$\text{CN}_3 = \frac{\text{CN}_2}{2.334 - 0.013\,34\text{CN}_2} \tag{1-4}$$

依据特定年份生长期（3—11 月）雨量大于 10mm，冬眠期（12—次年 2 月）雨量大于 20mm 的所有场次的降雨及其前五日雨量，结合研究地土地利用等条件，确定其 CN 值和流域前期土壤湿润度，利用公式（1-1）、式（1-2）计算畜禽养殖业土地利用方式下的各场次降雨的径流量并逐日累加，得到逐月净流量数据，并累加为畜禽养殖业土地全年径流量数据 Q_{KT} 值。

②土壤侵蚀量估算——通用土壤流失方程（USLE）

将影响水土流失的 6 个因子连乘，得到表达式：

$$A = R \times K \times L \times S \times C \times P \tag{1-5}$$

式中：A——年土壤流失量；

　　　R——降雨和径流因子；

　　　K——土壤可蚀性因子；

　　　L、S——坡度、坡长因子；

C——植被与经营管理因子；

P——水土保持因子。

③畜禽面源污染中固态氮磷负荷模型

$$LS_{kt} = a \cdot CS_{kt} \cdot X_{kt} \cdot TS_{kt} \cdot Sd \qquad (1-6)$$

式中：a——单位换算常数；

LS_{kt}——颗粒态氮磷污染物负荷，$kg \cdot hm^{-2}$；

CS_{kt}——土壤氮磷污染物浓度，‰；

X_{kt}——土壤流失量，$t \cdot km^{-2}$；

TS_{kt}——污染物富集比；

Sd——流域泥沙输移比。

若探讨氮磷空间分异，未考虑迁移转化过程，则污染物富集比和 Sd 为 1。

④畜禽面源污染中溶解氮磷负荷模型

$$LD_{kt} = CD_{kt} \cdot Q_{kt} \cdot TD_{kt}$$

式中：LD_{kt}——溶解态污染物负荷，$kg \cdot hm^{-2}$；

CD_{kt}——径流溶解态污染物浓度，$mg \cdot kg^{-1}$；

Q_{kt}——径流量，mm；

TD_{kt}——迁移系数，表示溶解态污染物从地面向流域出口迁移的百分比。若探讨可溶态污染物的空间分异，不考虑其迁移，则不考虑迁移百分比。

CD_{kt}溶解态污染物浓度值可由研究地某年 6 个具有代表性的土地利用方式的不同典型汇水区在暴雨事件下野外实地监测的数据，并参照相关研究统计而来。

（3）预测法

唐文清、全美杰等学者运用灰色理论—马尔可夫模型，根据衡阳市 1997—2005 年年鉴畜禽养殖业统计数据，参照我国《畜禽养殖业污染物排放标准》（GB - 18596—2001），将 1997—2005 年养殖的牛、羊、鸡换算为猪的头数，用 1997—2005 年的衡阳畜禽粪便的数据来预测 2006 年衡阳畜禽粪便量。

①灰色理论—马尔可夫模型

A. 灰色 GM（1，1）模型的建立

a. 原始数据的处理：灰色预测不能直接使用原始数据，而是由原始数据产生的累加生成数。

原始数列：$x^{(0)} = (x_1^{(0)}, x_2^{(0)}, \cdots, x_n^{(0)})$ （1-7）

其一次累加生成：$x^{(1)} = (x_1^{(1)}, x_2^{(1)}, \cdots, x_n^{(1)})$ （1-8）

其中 $x_t^{(1)} = \sum_{i=1}^{t} x_i^{(0)} = x_{t-1}^{(1)} + X_t^{(0)}$ $(t = 1, 2, \cdots, n)$

b. 系数矩阵 X、Y

$$X = \begin{bmatrix} -\frac{1}{2}(x^{(1)}(1) + x^{(1)}(2)) & 1 \\ -\frac{1}{2}(x^{(1)}(2) + x^{(1)}(3)) & 1 \\ -\frac{1}{2}(x^{(1)}(3) + x^{(1)}(4)) & 1 \\ -\frac{1}{2}(x^{(1)}(4) + x^{(1)}(5)) & 1 \end{bmatrix}$$ （1-9）

$$Y = (x^{(0)}(2), x^{(0)}(3), \cdots, x^{(0)}(n))^T$$ （1-10）

c. 系数向量 B：

$$B = \begin{bmatrix} a \\ b \end{bmatrix} = (X^t X)^{-1} X^T Y$$ （1-11）

d. 预测方程：

$$\hat{x}^{(1)}(t+1) = \left[x^{(0)}(1) - \frac{b}{a}\right] e^{-at} + \frac{b}{2}$$ $(t = 1, 2, \cdots, n)$ （1-12）

$$\hat{x}^{(0)}(t+1) = \hat{x}^{(1)}(t+1) - \hat{x}^{(1)}(t) = (1 - e^a)\left[x^{(0)}(1) - \frac{b}{a}\right] e^{-at}$$
$(t = 1, 2, \cdots, n)$ （1-13）

B. 马尔可夫模型的建立

a. 对于畜禽粪便量的预测，采用相对值法比较合适。畜禽粪便量符合马尔可夫非平稳随机序列，可将其划分为 n 个状态，任一个状态 E_i 表示为：$E_i = (E_{1i}, E_{2i})$（E_{1i}，E_{2iw} 为状态边界）。

b. 状态转移概率计算

若 $M_{ij}(m)$ 为由状态 E_i 经过 M 步转移到状态 E_j 的原始数据样本数，M_i 为处于状态 E_i 的原始数据样本，则称

$$P_{ij}(m) = \frac{M_{ij}}{M_i} \quad (i = 1, 2, \cdots, n) \qquad (1-14)$$

为状态转移概率，则状态转移矩阵：

$$P(m) = \begin{bmatrix} P_{11}(m) & P_{12}(m) & \cdots & P_n(m) \\ P_{21}(m) & P_{22}(m) & \cdots & P_{2n}(m) \\ \vdots & \vdots & \vdots & \vdots \\ P_{n1}(m) & P_{n2}(m) & \cdots & P_{nn}(m) \end{bmatrix} \qquad (1-15)$$

c. 利用转移矩阵 $P(m)$ 进行预测选取离预测年最近的各年份，按离预测年的远近，转移步数分别定为 1，2，…，在转移步数所对应的转移矩阵中，取起始状态所对应的行向量，从而组成新的概率矩阵，对新的概率矩阵将其列向量求和，其和最大的转移步数所对应的状态即为系统的预测状态。

C. 灰色马尔可夫预测法

先采用 GM（1，1）模型进行预测，找出其变化趋势，划分几种状态，再通过马尔可夫预测得出各种状态之间的转移概率，确定预测值，即对灰色预测的偏离值进行纠正。预测值为：

$$\hat{y}_t = \hat{x}^{(0)}_{(t+1)}(1 + \delta\%) \qquad (1-16)$$

（$\bar{\delta} = \dfrac{(\delta_1 + \delta_2)}{2}$；$\delta_1, \delta_2$ 分别为某一特定状态的上下限）

模型的验证

绝对误差：$\varepsilon_{(t)} = x^{(0)}_{(t)} - \hat{x}^{(0)}_{(t)}$

相对误差：$\Delta_{(t)} = \left| \dfrac{\varepsilon_{(t)}}{x^{(0)}_{(t)}} \right|$

预测精度：$\theta_{(t)} = (1 - \Delta_{(t)}) \times 100\%$

综上所述，由于国外畜禽养殖多为规模化集中养殖，因此对于养殖非点源污染的研究基本空白；国内的计算方法中 SCS—USLE 模型法更适用于农田非点源污染，USLE 模型本地化修正需要对大量参数进行调整，模型调参的工作量很大；一些预测方法是通过之前

表1-1　国内各相关计算方法对照表

方法	原理	事例	应用地区
排污系数法	确定适当畜禽产污系数，以产污系数乘以当地畜禽养殖量即为污染物产生量。根据研究区域特点确定流失率，以流失率乘以产污量即为污染负荷	刘培芳《长江三角洲城郊畜禽粪便的污染负荷及其防治对策》	苏州、无锡、常州、上海、杭州、宁波、嘉兴、湖州、绍兴、舟山
SCS-USLE 模型法	统计研究区域年降雨量，通过降雨产流模型（SCS）计算地表径流量；再利用土壤侵蚀模型（USLE）计算现有地表径流条件下，土壤侵蚀量。分析当地土壤中 N、P 成分，估算流失土壤中给环境带来的污染负荷	黄金良《基于 GIS 的九龙江流域农业非点源氮磷负荷估算研究》	福建省九龙江流域
灰色理论—马尔可夫模型	采用灰色预测模型预测畜禽粪便量，再利用马尔可夫链对灰色预测的偏离值进行纠正	唐文清《基于灰色理论——马尔可夫模型对畜禽粪便量增长的预测》	衡阳市

养殖数据对未来进行推断，对数据要求较高；相比较而言，排污系数法计算简便，需要当年的养殖数据即可计算，因此成为国内主流计算方法，但是排污系数法由于原理简单、计算精度有限，对于降雨流失率的估算方法缺乏科学性。

1.2　畜禽养殖面源污染机理模型构建

根据研究目的，对所研究的过程和现象（称为现实原型或原型）的主要特征、主要关系、采用形式化的数学语言，概括地、近似地表达出来的一种结构，所谓"数学化"，指的就是构造数学模型。

数学模型按照对事物的了解程度可以分为白箱模型、黑箱模型和灰箱模型。

白箱模型指那些内部规律比较清楚的系统，模型就是依据系统内部机理建立的模型。灰箱模型指那些内部规律尚不十分清楚，在建立和改善模型方面都还不同程度地有许多工作要做的问题。黑箱模型指一些其内部规律还很少为人们所知的现象，更多的是通过相关性、连续规律等方法模拟事物或过程。

畜禽养殖面源污染机理模型属于白箱模型，它通过模拟非点源污染的流失过程，分析估算污染负荷。由于机理模型（或白箱模型）模拟事物发展的全部过程细节而非相关性方法，因此相对于其他类型模型而言，可靠性更高、精度更高。同时，机理模型也便于将事物的过程细节实例化，便于通过实验计算获取模型的相关参数。

1.2.1　建模思路

畜禽养殖面源污染机理模型通过分析粪污的堆放过程、降雨产流过程、地表径流冲蚀这三个过程，模拟畜禽面源污染的整个流失经过。模型可以模拟全年或某一时段内的畜禽面源污染负荷，以每一次降雨为一次计算节点，计算每一次降雨产生的污染流失，将一年或某一时段污染流失加和即为面源污染总负荷。

模型假设畜禽粪污未经过人工处置，完全自然堆放。在一次降雨之前，畜禽粪污随时间不断积累，同时在积累过程中有部分 N 元素挥发损失。降雨过程形成地表径流，造成之前累积污染物全部或部分流失。降雨之后，残留污染物继续积累，直至下次降雨过程。计算一年内每次降雨污染物流失量之和，即为年畜禽污染环境负荷量。

1.2.2　模型框架

模型结构分为三个部分：降雨产流过程、污染物累积—挥发过程、径流冲蚀过程。降雨产流过程运用 SCS 模型计算每次降雨的地表径流量，并根据实地试验修正相关参数。污染物累积—挥发过程分为累积部分和挥发部分：累积部分用于计算降雨间隔段粪污堆积

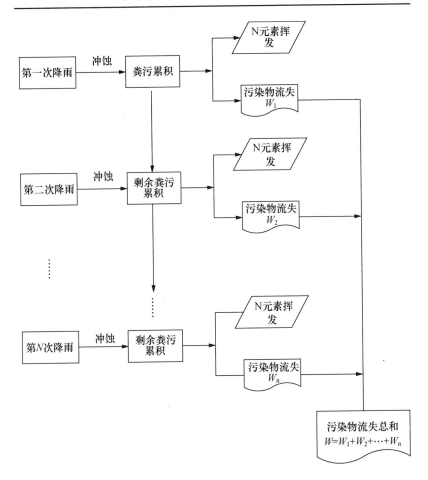

图 1-1　模型机理

量；挥发部分用于计算降雨间隔段 N 元素挥发量。径流冲蚀过程用于计算产生地表径流后，径流冲蚀的粪污量。模型所需数据包括研究时段的降雨量数据和研究区域的养殖数据，养殖数据要包括畜禽的存栏量和出栏量。模型框架见图 1-2。

1.2.3　降雨产流过程

流域水文模型是针对流域上发生的水文过程进行模拟所建立的

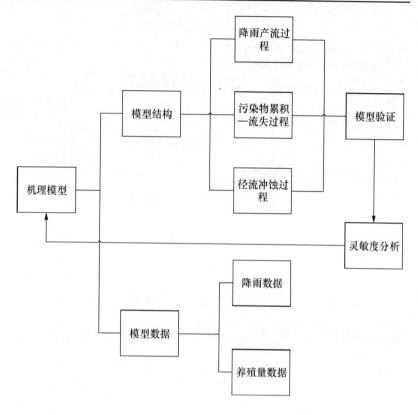

图1-2　模型框架

数学模型。美国农业部水土保持局（Soil Conservation Service，SCS）
于1954年开发的SCS模型，是目前应用最为广泛的流域水文模型之
一。SCS模型能够客观反映土壤类型、土地利用方式及前期土壤含
水量对降雨径流的影响，其显著特点是模型结构简单、所需输入参
数少，是一种较好的小型集水区径流计算方法。

　　SCS模型最初是针对小流域水文过程设计的模型，对大、中尺
度流域水文过程的模拟计算没有涉及，在不同类型的研究区域中模
型计算精度差距较大。国内外学者对SCS模型进行不断的改进，主
要涉及两个方面：①丰富CN值的取值范围，使SCS模型可以适应
大、中尺度中不同用地类型的计算模式。②修正模型中的参数，使

模型适应研究区域的实地情况，提高模型计算精度。

（1）SCS 基本原理

SCS 模型的建立基于水循环比例相等假设（1－17），即集水区的实际入渗量（F）与实际径流量（Q）之比等于集水区降雨前最大可能入渗量（或潜在入渗量 S）与最大可能径流量（潜在径流量 Q_{max}）之比，即：

$$\frac{F}{Q} = \frac{S}{Q_{max}} \tag{1－17}$$

假定潜在径流量 Q_{max} 为降雨量 P 与径流产生前植物截留、初渗和填洼蓄水构成集水区初损量 I_a 的差值，即：

$$Q_{max} = P - I_a \tag{1－18}$$

实际入渗量为降雨量减去初损和径流量，即：

$$F = P - I_a - Q \tag{1－19}$$

由以上三式可得：

$$Q = \frac{(P - I_a)^2}{P + S - I_a} \qquad P \geqslant I_a$$
$$Q = 0 \qquad P < I_a \tag{1－20}$$

因此，只需确定初损 I_a 和最大可能入渗量 S 值就可以确定径流量 Q。前期损失量 I_a 受土地利用、枝叶截留、下渗、填洼等因素影响，它与土壤饱和储水量（潜在入渗量）成正比关系，即 $I_a = \lambda S$。

上式可以改写成：

$$Q = \frac{(P - \lambda S)^2}{P + (1 - \lambda)S} \qquad P \geqslant \lambda S$$
$$Q = 0 \qquad P < \lambda S \tag{1－21}$$

式中：Q——地表径流量；

　　　P——降雨量；

　　　S——最大可能入渗量；

　　　λ——土壤初损量与潜在入渗量的比值。

（2）CN 值的确定

由式（1－21）可知，集水区域的径流量取决于该场降雨量的大小以及降雨前集水区的最大可能入渗量。最大可能入渗量与集水区的土壤性质、土地利用方式和降雨前的土壤湿润程度等因素有关，模型利用经验性参数 CN 综合反映上述因素。

$$S = \frac{25\ 400}{CN} - 254 \qquad (1-22)$$

①CN 值的影响因素

CN（Curve Number）是模型中的一个无量纲参数，用以描述降雨—径流关系，是对前期土壤湿润程度、坡度、土壤类型和土地利用现状等因素的综合反映。CN 值把堆粪下垫面条件定量化，用量的指标来反映下垫面条件对产汇流过程的影响，可间接反映人类活动对径流的影响，并在水文模型参数确定和遥感信息使用之间建立了直接联系，为解决无降雨过程资料地区的径流估算提供了新的手段。CN 值大小在一定程度上体现下垫面条件对降雨—径流关系的影响：值越大渗透量越小，产流量就越大；值越小渗透量越大，产流量就越小。

②CN 的计算

CN 值取决于研究区域土壤利用类型、土地利用方式、水文条件等。美国 Natural Resources Conservation Service（NRCS）专家根据大量实测数据和的水文气候，基于多种土地利用方式和土壤类型，最先制定 CN 值查算表（见表 1-2）。CN 值查算表中所列的 CN 值是土壤水分条件为中度时各土地利用方式的取值，在其他水分条件下，可通过 CN 值换算表（表 1-3）进行换算。

表 1-2　NRCS 提供的 CN 值查算表

土地利用方式	处理情况	水文条件	土壤类别			
			A	B	C	D
住宅区	不透水面积占总面积的百分比/%	65	77	85	90	92
		38	61	75	83	87
		30	57	72	81	86
		25	54	70	80	85
		20	51	68	79	84

续表

土地利用方式	处理情况	水文条件	土壤类别			
			A	B	C	D
街道与道路	铺面并有路缘石和雨水沟		98	98	98	98
	卵石和砾石路		76	85	89	91
	泥路，天然土路		72	82	87	89
露天地区：草坪，公园，高尔夫球场等	条件良好，草的覆盖率不小于 75%		36	61	74	80
	一般条件，草的覆盖率 50%~70%		49	69	79	84
	铺面停车场，屋顶，车道等		98	98	98	98
	商业区，不透水面积占总面积的 85%		89	92	94	95
	工业区，不透水面积占总面积的 72%		81	82	91	93
休耕地	直行形		77	86	91	94
菜地草甸		好	30	58	71	78
林地		差	45	66	77	83
		中	36	60	73	79
		好	25	55	70	77
间作物地	直行种植	差	72	81	88	91
		好	67	78	85	89
	等高耕作	差	70	79	84	88
		好	65	75	82	86
	阶梯状等高耕作	差	66	74	80	82
		好	62	71	78	81
谷类作物地	直行种植	差	65	76	84	88
		好	63	75	86	87
	等高耕作	差	63	73	82	85
		好	61	73	81	84
	阶梯状等高耕作	差	61	72	79	82
		好	59	70	78	81
密播作物地（豆科作物或轮种形草地）	直行种植	差	66	77	85	89
		好	58	72	81	85
	等高耕作	差	64	75	83	85

表 1-3 NRCS 提供的 CN 值换算表

Ⅱ	Ⅰ	Ⅲ	Ⅱ	Ⅰ	Ⅲ	Ⅱ	Ⅰ	Ⅲ	Ⅱ	Ⅰ	Ⅲ
100	100	100	81	64	92	62	42	79	43	25	63
99	97	100	80	63	91	61	41	78	42	24	62
98	94	99	79	62	91	60	40	78	41	23	61
97	91	99	78	60	90	59	39	77	40	22	60
96	89	99	77	59	89	58	38	76	39	21	59
95	87	98	76	58	89	57	37	75	38	21	58
94	85	98	75	57	88	56	36	75	37	20	57
93	83	98	74	55	88	55	35	74	36	19	56
92	81	97	73	54	87	54	34	73	35	18	55
91	80	97	72	53	86	53	33	72	34	18	54
90	78	96	71	52	86	52	32	71	33	17	53
89	76	96	70	51	85	51	31	70	32	16	52
88	75	95	69	50	84	50	31	70	31	16	51
87	73	95	68	48	84	49	30	69	30	15	50
86	72	94	67	47	83	48	29	68	25	4	43
85	70	94	66	46	82	47	28	67	20	12	37
84	68	93	65	45	82	46	27	66	15	9	30
83	67	93	64	44	81	45	26	65	10	6	22
82	66	92	63	43	80	44	25	64	5	2	13

注：Ⅰ、Ⅱ、Ⅲ：土壤湿润程度为Ⅰ、Ⅱ、Ⅲ三个等级时的 CN 值。

③参数 λ 修正

国内外学者修正 SCS 模型的方法主要从重新率定 CN 值、修正集水区初损量 I_a 值或 λ 参数、确定合理土壤水分划分标准等方面着手。相比较而言，修正参数 λ 更易于达到修正模型效果的目的。参数 λ 为土壤初损量与潜在入渗量的比值，为 SCS 模型中的核心参数，与 I_a、CN 值均成正比关系。SCS 模型在美国本土运行，λ 值取 0.2；国内学者运用 SCS 模型过程中对 λ 取值做了大量的研究，普遍认为取值 0.2 偏高，不适于我国情况。

本书通过"径流冲蚀实验"（详见后面章节），对 λ 值进行测算，通过多次实验模拟产流过程，推荐 λ 值取 0.14。公式（1-23）可以改写为：

$$\begin{cases} Q = \dfrac{(P - 0.14S)^2}{P + 0.86S} & P \geqslant 0.14S \\ Q = 0 & P < 0.14S \end{cases} \quad (1-23)$$

式中：Q——地表径流量；

　　　P——降雨量；

　　　S——最大可能入渗量。

1.2.4　污染物累积—损失过程

粪便在地表堆放，即使不发生地表径流的冲蚀，也会造成营养物质 N 损耗。相关研究表明，N 可以以气体形式挥发到大气中，其中 98% 为 NH_3。污染的积累过程是粪污不断堆积和部分成分不断散失的过程，模型将从这两个方面模拟畜禽污染的累积过程。

（1）模拟粪便堆放积累过程

假设某养殖户在年初圈内有上年一批存猪，当初进栏量为 a_1，这批猪同时出栏，出栏数为 x_1，之后进栏 a_2 头猪，猪的养殖周期为 6 个月，6 个月后出栏 x_2 头。此时距年末还有一段时间，继续进栏 a_3 头猪，年末存栏量为 K_2，年后出栏 X_3 头。

这种同时进栏同时出栏的理想状态可以较为合理地模拟现实养殖情况，同时简化了存栏出栏的计算过程。按照以上的分析方法可以将一年的养殖情况分为三段养殖周期，在不考虑死亡率和养殖母猪的情况下，全年的日平均养殖量 L 为：

$$L = \frac{\text{养殖周期 1 养殖量} + \text{养殖周期 2 养殖量} + \text{养殖周期 3 养殖量}}{3}$$

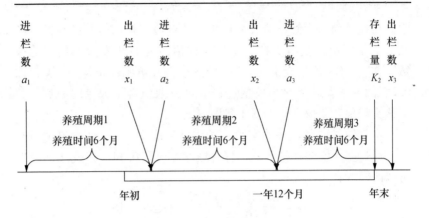

图 1-3 生猪养殖周期图

目前，我国养殖量的统计指标为：出栏量和存栏量。出栏量 K_1 是指养殖户一年内牲畜出售头数，即为 $x_1 + x_2$。存栏量 K_2 是指养殖户某一时刻圈内的牲畜数量，官方统计通常选取年末为统计时间，因此，常用的存栏量数据又可称为年末存栏量。在不考虑死亡率和养殖母猪的情况下，全年的日平均养殖量为：

$$L = \frac{x_1 + x_2 + K_2}{3}$$

$$即\ L = \frac{K_1 \times K_2}{3}$$

据养殖户统计，猪的存活率大约为 90%。第一养殖周期和第二养殖周期使用出栏量未考虑到猪的死亡率问题，平均养殖量应取某养殖阶段进栏量和出栏量的平均值，因此公式可以修改为：

$$L = \frac{K_1/0.95 + K_2}{3} \tag{1-24}$$

养殖母猪的生长周期为 3~6 年，养殖母猪数量应纳入平均养殖量的范畴。我国出栏量的统计方法不统计养殖母猪，存栏量统计期内在考虑到养殖母猪的情况下，将公式最终修改为：

$$L = \frac{K_1/0.95 + K_2 - K_3}{3} + K_3 \tag{1-25}$$

式中：L——日平均养殖量；

　　K_1——出栏量；

　　K_2——存栏量；

　　K_3——繁殖母猪数。

我国畜禽统计资料如统计年鉴等缺少养殖母猪统计量，在缺少养殖数据的情况下，为简便计算，可以使用公式（1 – 24）代替（1 – 25）作为日平均养殖量计算方法。

任意时段污染物总量 $F(x)$ 计算方法：

$$F(x) = L \times S \times x \qquad (1 – 26)$$

式中：L——日平均养殖量；

　　A——猪日平均排泄量；

　　x——时段内天数。

（2）模拟粪便堆放过程中 TN 的损失

在粪便堆放过程中，N 元素会以气体形式挥发到大气中。本书后面章节介绍的"粪便堆放试验"，可以模拟污染物在堆放过程中 TN、TP 物质变化情况。试验通过粪污堆放前和堆放后的采样数据，计算单位时间粪便 TN、TP 的残留量 m。将常温阶段和低温阶段 TN、TP 质量变化绘制曲线图如下：

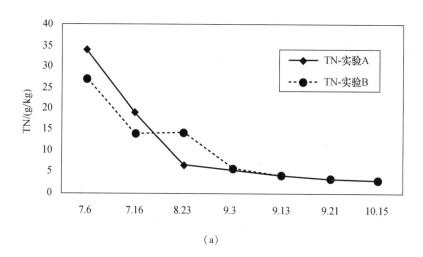

（a）

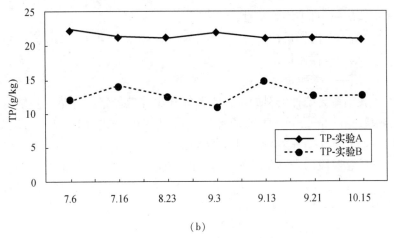

（b）

图 1-4 常温阶段干基物质 TN、TP 含量变化

试验结果表明：常温阶段 TN 含量会明显下降，损失量最多将会超过总量的 70%。损失速率在堆放一周左右达到最高，之后缓慢下降。这是由于实验粪污堆放类似于堆肥的熟化过程，在一周左右温度达到 50~70℃，在高温下铵态氮易分解为氨气，大量挥发。在试验前期和后期，粪污处于中低温阶段，硝化菌属于中温菌，此时硝化作用不断增强。铵态氮不断转变为硝态氮，硝态氮稳定在粪污之中不易流失。

低温阶段，TN 损失过程不如常温阶段明显，损失速率明显低于常温阶段，损失过程近似于线性衰减。这是由于在低温阶段，粪污达不到熟化过程的温度，铵态氮转化为氨的过程受到了抑制。

TP 无论在常温阶段还是低温阶段，变化幅度都不明显，说明 P 元素可以稳定地存在于粪污之中，不会在堆放过程中挥发流失。

使用 SPSS 统计软件对 TN 在常温阶段和低温阶段的变化趋势进行拟合。以时间序列为自变量，以单位质量干基物质中总氮含量为因变量，拟合 TN 在常温阶段回归关系方程符合指数衰减规律，低温阶段符合线性衰减规律，拟合回归方程如下：

常温阶段：

$$m = b_0 \times e^{b_1 x} \tag{1-27}$$

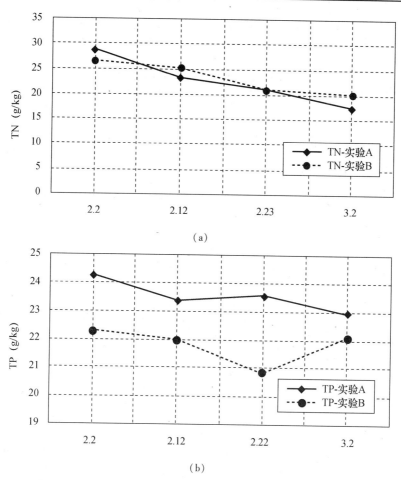

（a）

（b）

图1-5 低温阶段干基物质 TN、TP 含量变化

低温阶段：

$$m = b_0 - b_1 x \qquad (1-28)$$

式中：x——时段内的天数；

m——单位质量干基粪污 TN 含量；

b_0——衰减参数1；

b_1——衰减参数2。

利用后文介绍"粪便堆放试验"可以计算特定研究区域内，TN挥发模型中衰减参数。推荐使用衰减参数见表1-4。

表1-4 TN挥发模型衰减参数表

	b_0	b_1
常温阶段	20.559	-0.36
低温阶段	26.83	-0.237

（3）任意时段堆放粪便的 TN、TP 残留量 $f(x)$ 的计算方法：

设某养殖户栏内平均养殖量为 L 头（只）（计算方法详见公式1-24、1-25），降雨间隔时段为 x 天，畜禽排泄量为 akg/d，含水率 s。

①常温阶段 TN

常温阶段，根据公式（1-27），第一天堆放的粪污在 x 天后 TN 的残留量为：

$$f(x) = L \times a \times s \times b_0 \times e^{b_1 x}$$

第二天堆放的粪污较第一天少堆放1天，TN 残留量为：

$$f(x) = L \times a \times s \times b_0 \times e^{b_1(x-1)}$$

依此类推，最后一天堆放的粪污 TN 含量为：

$$f(x) = L \times a \times s \times b_0 \times e^{b_1}$$

由此可见，TN 残留量随时间序列成等比关系，按照等比数列求和方法，时段 x 天内粪污中 TN 的残留量为：

$$f(x) = \frac{L \times a \times s \times b_0 \times e^{b_1 x}(1 - e^{-b_1 x})}{1 - e^{-b_1}} \qquad (1-29)$$

式中： x——时段内的天数；

　　　 L——日平均养殖量；

　　　 a——畜禽日排泄量；

　　　 S——粪污含水率；

　　　 b_0——TN 挥发衰减参数1；

　　　 b_1——TN 挥发衰减参数2。

②低温阶段 TN

低温阶段，根据公式（1-28），第一天堆放的粪污在 x 天后 TN

的残留量为：

$$f(x) = L \times a \times s \times (b_0 - b_1 x)$$

即：$f(x) = L \times a \times s \times b_0 - L \times a \times s \times b_1 x$

第二天堆放的粪污较第一天少堆放 1 天，TN 残留量为：

$$f(x) = L \times a \times s \times [b_0 - b_1(x-1)]$$

即：$f(x) = L \times a \times s \times b_0 - L \times a \times s \times b_1 x + L \times a \times s \times b_1$

第三天堆放的粪污较第一天少堆放 2 天，TN 残留量为：

$$f(x) = L \times a \times s \times [b_0 - b_1(x-2)]$$

即：$f(x) = L \times a \times s \times b_0 - L \times a \times s \times b_1 x + 2L \times a \times s \times b_1$

依此类推，最后一天堆放的粪污 TN 含量为：

$$f(x) = L \times a \times s \times (b_0 - b_1)$$

即：$f(x) = L \times a \times s \times b_0 - L \times a \times s \times b_1$

由此可见，低温阶段，TN 残留量随时间序列成等差关系，按照等差数列求和方法，时段 x 天内粪污中 TN 的残留量为：

$$f(x) = \frac{[2 \times L \times a \times b_0 - L \times a \times s \times b_1(x+1)]x}{2} \qquad (1-30)$$

式中：x——时段内的天数；

L——日平均养殖量；

a——畜禽日排泄量；

s——粪污含水率；

b_0——TN 挥发衰减参数 1；

b_1——TN 挥发衰减参数 2。

③TP

根据"粪便堆放试验"研究结论，TP 不会以气体形式挥发，在粪污堆放过程中 TP 的含量不会降低，因此 TP 会随粪污每日累计线性增长，时段 x 天内粪污中 TP 含量为：

$$f(x) = L \times a \times s \times b_{TP} x$$

式中：x——时段内的天数；

L——日平均养殖量；

a——畜禽日排泄量；

s——粪污含水率；

b_{TP}——单位质量干基粪污 TP 含量，根据后文中"粪便堆放试验"检测结果，b 值推荐取为 22.5g/kg。

1.2.5　地表径流冲蚀过程

降雨过程中，积累于地表的粪污，依据不同的降雨量、降雨强度、降雨历时等因素，全部或部分被雨水冲蚀。降雨结束后，地表以此场雨结束时污染物残留量，开始下一次粪污积累的过程。因此，每一次被降雨冲蚀的粪污来源于降雨之前累积量。

径流过程中不透水地表表层沉积的污染物的冲刷速率与沉积在地表的污染物的量成正比。即

$$\frac{dP}{dt} = kP \tag{1-31}$$

式中：P——污染物总量；

　　　　t——降雨时间；

　　　　k——衰减系数。

前人大多假设衰减系数 k 与单位面积雨水的径流量成正比，即：

$$\frac{dP}{dt} = k_2 rP \tag{1-32}$$

式中：k_2——冲刷系数；

　　　　r——单位面积雨水径流量，在降水过程中随时间变化而变化。

将上式积分，得到：

$$P_t = P_0 \times e^{-k_2 Q_t} \tag{1-33}$$

式中：P_t——降雨径流开始 t 时后，地表上残留的污染物的量；

　　　　P_0——降雨开始时地表污染物累积量；

　　　　Q_t——降雨过程地表径流量。

一场降雨过程中，被冲刷污染物总量 W

$$W = P_0 \times (1 - e^{-k_2 Q_t}) \tag{1-34}$$

上式表明：降雨过程中被冲刷污染物总量，随径流量增长呈指数增加。利用"径流试验"模拟污染物冲蚀过程。通过多次降雨过程，检测降雨量和污染物冲蚀量 TN、TP，计算冲刷系数 k_2，推荐

冲刷系数 k_2 取值 0.055。

1.2.6　机理模型总公式

将"降雨产流过程","污染物累积—损失过程","降雨冲蚀过程"公式合并，得到单次降雨冲刷污染物总量 W 计算方程：

（1）常温阶段 TN

$$W_{TN} = \left[W_{STN} + \frac{L \times a \times s \times b_0 \times e^{b_1 x}(1 - e^{-b_1 x})}{1 - e^{-b_1}} \right] \times (1 - e^{k_2 Q_t})$$

（1-35）

（2）低温阶段 TN

$$W_{TN} = \left[W_{STN} + \frac{[2 \times L \times a \times b_0 - L \times a \times s \times b_1(x+1)]x}{2} \right] \times (1 - e^{k_2 Q_t})$$

（1-36）

（3）TP

$$W_{TP} = [W_{STP} + L \times a \times s \times b_{TP} x] \times (1 - e^{k_2 Q_t}) \quad （1-37）$$

式中：W_{TN}——单次降雨 TN 流失量；

　　　W_{STN}——上次降雨污染物 TN 残留量；

　　　W_{TP}——单次降雨 TP 流失量；

　　　W_{STP}——上次降雨污染物 TP 残留量；

　　　x——此次降雨与前一次之间间隔天数；

　　　Q_t——降雨过程地表径流量；

　　　L——日平均养殖量；

　　　a——畜禽日排泄量；

　　　s——粪污含水率；

　　　b_0——TN 挥发衰减参数 1；

　　　b_1——TN 挥发衰减参数 2；

　　　b_{TP}——单位质量干基粪污 TP 含量。

某一时段内，畜禽面源污染总负荷等于这一时段内每次降雨造成的污染物质流失量之和，即：

$$W_总 = W_1 + W_2 + \cdots + W_n \quad （1-38）$$

式中：$W_总$——时段内畜禽面源污染总负荷；

n——降雨次数；

W_n——第 n 次降雨造成的畜禽面源污染负荷。

1.3 机理模型软件开发

1.3.1 概述

畜禽养殖非点源污染负荷机理模型结构复杂，计算过程繁冗，计算中需要了解模型的详细运行机理，并对大量的参数进行设置。专业的管理人员在经过培训之后才能依托养殖数据对某段时间内污染负荷进行计算。为了简便计算过程和模型推广，有必要将模型实例化、程序化。畜禽养殖非点源污染计算软件即为将机理模型程序化的成果。

软件的用户主要为畜禽养殖管理人员、环境管理人员和专项的技术研究人员，软件首先要为用户提供非点源污染的计算功能。同时，地理信息是软件必不可少的一部分，地理信息系统技术可以将模型结果直观地反映在研究区域，软件也要为部分用户提供地图数据加载、渲染等功能，满足用户地图可视化的需要。

但是考虑到大部分从事管理的用户不具有制作地理信息矢量数据的能力，软件同时必须要为这些用户提供不使用地图数据就可以完成全部计算的操作模块，要使用户通过简单的管理数据（养殖数据和降雨数据）也可以完成计算。

1.3.2 功能介绍

畜禽养殖非点源污染计算软件是将机理模型程序化，因此软件要实现非点源污染的计算功能，还要将计算结果地图可视化。此外，软件还实现对机理模型的灵敏度分析计算功能。畜禽养殖非点源污染计算模型软件的具体功能有：

（1）浏览研究区域 1∶5 万矢量数据和 5m 遥感影像。

（2）通过机理模型计算一年内的畜禽养殖非点源污染负荷量。

（3）将污染负荷通过空间渲染，显示地区差异。

（4）分析机理模型参数的灵敏度。

1.3.3 开发原则

（1）开放性原则

开放性原则是指模型参数设置的开放性。机理模型部分需要设置大量的模型参数，这些参数需要经过野外观测或实验室检测来获取，软件为用户提供了默认设置。这些默认参数仅适合我国北方流域，用户要获取本地参数可以根据本书实践篇介绍的实验方法来获取。软件在设计时充分考虑到参数的开放性，用户可以选择默认参数，也可以自行设置参数以符合地域的实际需要。

（2）普遍适用性原则

本软件具有较强的普遍适用性，用户可以根据地域养殖特点自行设置模型参数，模型可以在全国各种养殖环境下运行，便于大范围推广使用。

（3）简单实用性原则

简单实用性是指软件符合非点源污染的特点，满足污染负荷计算的实际需要，不要好高骛远，开发一些复杂而又没有实际意义的模块，这样不仅可以简化应用人员的操作，而且可以降低软件的复杂性和冗余度，提高软件的运行效率。

（4）高效性原则

软件的应用要能够提高畜禽养殖管理决策水平。在运行中响应要快，信息的生成传递要及时准确。在稳定的环境下，操作性界面单一的系统响应时间要短。

（5）标准化原则

软件建设、业务处理和技术方案应符合国家、地方有关信息化标准的规定。数据指标体系及代码体系一化、标准化，符合国标或者部颁标准。

（6）可靠性原则

软件应该具备很高的稳定性和可靠性，以及很高的平均无故障率，务求稳定，尽量避免软件系统崩溃和硬件故障的产生。保证故障发生时系统能够提供有效的失效转移或者快速恢复等性能。保证系统的高可用性，即 7×24 小时不停机的工作模式。

1.3.4 开发思路

软件要满足畜禽相关管理人员对污染负荷计算的需求，同时还要具有空间浏览功能。因此，本软件以 winform 为主体框架结构，在 winform 的窗体内完成计算，同时相应的窗体内实现地理信息数据查询和网络数据浏览功能。

在此框架基础之上，软件开发使用组式开发技术，编程平台使用 C#. net。在开发过程中，利用 . net 平台调用 ComGIS 组件实现系统内的 GIS 地图显示、查询、图层渲染等功能。ComGIS 选用 ArcGIS Engine。

为了便于使用者了解任意研究区域的地理概况，软件增加了网络地图浏览功能。用户可以通过互联网将研究区域的矢量数据和遥感数据下载至软件窗体内进行浏览。在软件开发过程中使用 Google 公司提供的 Google earth API 函数作为第三方控件，实现地图实时浏览功能。

1.3.5 核心技术

1.3.5.1 开发平台选择

软件使用 C#. net 作为编程平台，和其他市面上编程语言相比，C#具有很多优点：

（1）C#语言继承自 C＋＋，不仅功能强大，而且语法结构比 C＋＋简单易用，比较适用于类似于本软件的小型开发系统。

（2）C#语言属于微软 . net 框架下的一个成员，易于与微软出品的操作系统 Windows 系列、Office 办公软件系列相兼容。

C#语言基于开放周期短、简单易用、功能强大、兼容性强等优点已成为目前最流行的开发语言。

1.3.5.2　GIS 组件选择

目前市面上流行的地信开发组件很多，比较常见的有 ArcObjects、ArcEngine、MapObjects、MapX 等。本次系统开发过程选用 ESRI 公司出产的 ArcEngine。和其他组件相比，它具有如下优点。

（1）ArcGIS Engine 的功能设计与主流 GIS 桌面系统相吻合。美国 ESRI 公司在世界地信研发方面处于世界领先地位，ArcEngine 是由 ESRI 公司出品的新一代地信开发组件。目前，市面上比较流行 GIS 桌面系统如 ArcGIS、ArcView 等，都是 ESRI 公司的产品。ArcEngine 的功能设计和理念与这些主流 GIS 操作平台基本吻合。使用由 ArcEngine 开发出来的系统，更符合主流的 GIS 功能设计，使使用者操作上更容易上手。

（2）ArcEngine 功能强大。ArcEngine 基本覆盖地信所有的基本功能，和 MapObjects 相比，在制图输出、空间分析和网络等方面功能更加完善和系统。使用 ArcEngine 作为地信组件基本上可以满足用户的各种地信功能需求。

（3）开发相对简单。和 ArcObjects 相比，ArcEngine 把某些地信功能集成化，这使得开发者不必从最低层编写 GIS 功能，只要对直接调用已经被封装好的接口对象即可，这大大减少了开发者的工作量。

（4）操作环境安装方便。和其他开发组件不同，ArcEngine 单独出品了操作环境 ArcEngine RunTime，用户只要购买并安装它的操作环境即可使用开发好的系统。不必像 ArcObjects 必须安装整个 ArcGIS 桌面环境才可使用。

1.3.5.3　ArcGIS Engine 介绍

ArcGIS Engine 是开发人员用于建立自定义应用程序的嵌入式 GIS 组件的一个完整类库。开发人员可以使用 ArcGIS Engine 将 GIS 功能嵌入现有的应用程序中，包括 Microsoft Office 的 Word 和 Excel 等产品，也可以建立能分发给众多用户的自定义高级 GIS 系统应用程序。ArcGIS Engine 由一个软件开发工具包和一个可以重新分发的、为所有 ArcGIS 应用程序提供平台的运行时（runtime）组成。

ArcGIS Engine 开发工具包是一个基于组件的软件开发产品，用于建立和部署自定义 GIS 和制图应用程序。ArcGIS Engine 开发工具包不是一个终端用户产品，而是一个应用程序开发人员的工具包。可以用 ArcGIS Engine 开发工具包建立基本的地图浏览器或综合、动态的 GIS 编辑工具。将开发好的程序发布之后，使用用户只要安装好 ArcGIS Engine 的运行平台 runtime，即可使用 GIS 系统。

1.3.5.4 Google earth API

为了加强用户对研究区域的感性认识，软件实现地图全景浏览功能。软件可以通过网络下载任意研究区域地图影像和遥感影像。

目前，实现这一需求可使用的技术有两种：一种是 Google earth 平台提供的 com 组件，另一种为 Google earth API 技术。从理论上讲，第一种技术更适用于 winform 开发，但并不成熟。每次使用 Google earth 提供的组件，必然要自动打开 Google earth 程序，Google earth 的启动图标也无法去掉，并不适用于用户使用。而 Google earth API 技术虽然更多地运用在 B/S 领域，但技术成熟可靠。

本软件是在 C#的整体框架下，通过 WebBrowser 控件打开含有 Google earth API 的网页，实现 Google earth API 与.net 的无缝对接。

1.4 模型软件应用

1.4.1 软件框架

软件共包括 8 个子模块，分别为模型框架，降雨产流参数，堆积—挥发参数，径流冲蚀参数，养殖数据录入，降雨数据录入，地理信息数据，模型计算，灵敏度分析。各个模块的详细功能见表5。

1.4.2 参数设置

在软件的"降雨产流参数"、"堆积—挥发参数"和"径流冲蚀参数"3 个模块，设置模型所有参数。这些模块为用户提供了默认参数设置，用户使用默认参数可跳过此步。如果用户所研究的区域

表 1-5　模块功能

模块	功能
模型框架	介绍模型建模机理，模块间相互关系，并且为模块切换总控制台
降雨产流参数	机理模型中"降雨产流过程"参数设置
堆积—挥发参数	机理模型中"堆积—挥发过程"参数设置
径流冲蚀参数	机理模型中"径流冲蚀过程"参数设置
养殖数据录入	输入区域养殖数据，并计算日均养殖量
降雨数据录入	输入一年的降雨数据
地理信息数据	加载 GIS 数据，并浏览相关 1:5 万矢量数据和 5m 遥感影像
模型计算	完成污染负荷计算，将计算结果地图显示
灵敏度分析	分析模型中参数的灵敏程度

与本书第 6 章示例区域的自然气候条件和养殖情况有明显差异，用户可以根据第 2 章 2.3 中介绍的试验方法，修正参数。

（1）降雨产流参数

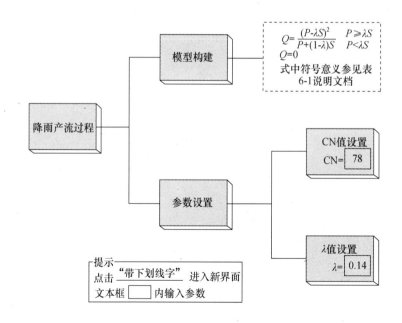

图 1-6　降雨产流过程图

在降雨产流过程这个模块中，参数设置有两项可以手动设置，其中一个是 CN 值设置，CN 是用来描述降雨前流域特征的综合参数，它的确定与植被种类、水文情况、农耕方式、坡度大小、土地利用和土壤类型及流域前期土壤湿润度等因素有关。另一个是 λ 值设置，土壤初损量与潜在入渗量的比值。图1-6中参数参考设置如表1-6所示。

表1-6 降雨产流过程参数参考设置

参考值	CN	λ
	78	0.14

（2）堆积—挥发参数

在污染物累积—挥发过程中包含两部分：一部分是粪污累积过程，另一部分是污染物挥发过程。在粪污累积过程中，有日平均养殖量 L 和养殖数据录入两部分。在污染物挥发过程中，手动参数设置：牲畜日排泄量、单位粪污 TN 含量、常温阶段 TN 衰减系数 b_0、低温阶段 TN 衰减系数 b_0、粪污含水量、单位粪污 TP 含量和常温阶段 TN 衰减系数 b_1、低温阶段 TN 衰减系数 b_1。表1-7列出了软件应用中的默认数值设置。

表1-7 降雨产流过程参数默认设置

参数	默认值
牲畜日排泄量	3.69
单位粪污 TN 含量	—
常温阶段 TN 衰减系数 b_0	20.6
低温阶段 TN 衰减系数 b_0	26.8
粪污含水量	12.1
单位粪污 TP 含量	22.5
常温阶段 TN 衰减系数 b_1	-0.36
低温阶段 TN 衰减系数 b_1	-0.237

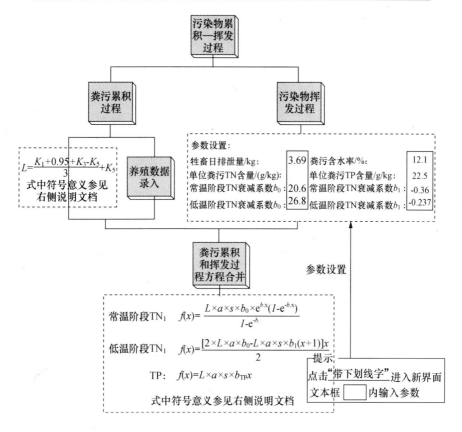

图 1-7　污染物累积—挥发过程图

（3）径流冲蚀参数

在降雨径流冲蚀过程中，积累于地表的粪污，依据不同的降雨量、降雨强度、降雨历时等因素，全部或部分被雨水冲蚀。降雨结束后，地表以此场雨结束时污染物残留量，开始下一次粪污积累的过程。机理模型采用幂指数函数模拟冲蚀过程，详细模拟过程见第2章2.2.5，冲刷系数 k_2 可以设置，参考值设置为0.055。

1.4.3　地理信息数据

软件支持将模型计算结果地图渲染功能，同时也可不使用地图

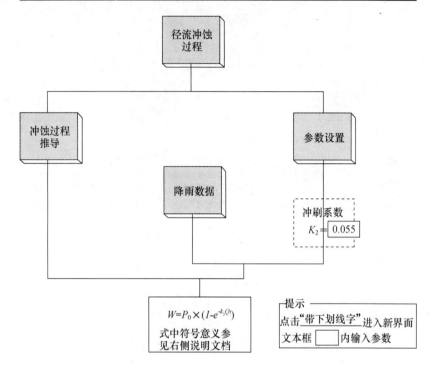

图 1-8 径流冲蚀过程图

数据完成计算，不使用地图数据的用户可以跳过此步。在"地理信息数据"模块中，用户可以加载研究区域矢量 shp 格式数据，并可以在"地图浏览"窗口浏览研究区域的相关 5m 遥感影像和 1:5 万矢量数据。

1.4.4 养殖数据输入

　　用户在"养殖数据输入"模块首先要选择"养殖数据类型"和"养殖类别"。"养殖数据类型"包括"使用地理信息数据"和"手动输入数据"。"养殖类别"是指养殖的对象"猪"、"牛"、"鸡"等。"使用地理信息数据"的用户要按区域分区输入养殖数据，模型计算也分区进行。"手动输入数据"的用户要将研究区域总养殖量输入模块内，模型计算总体的污染负荷，并不分区计算。

图1-9 "地理信息数据"模块

图1-10 养殖数据输入

(1) 使用地理信息数据

选择"地理信息数据"之前，必须在"地理信息数据"模块加载地图数据，并在"区域"下拉菜单选择代表区域名称的字段。选择"地理信息数据"之后，自动生成养殖量统计表，表中第一列"区域"为地图数据中的区块名称。输入"存栏量"、"出栏量"、"养殖母（猪）量"后，点击"计算"按钮完成平均养殖量计算。

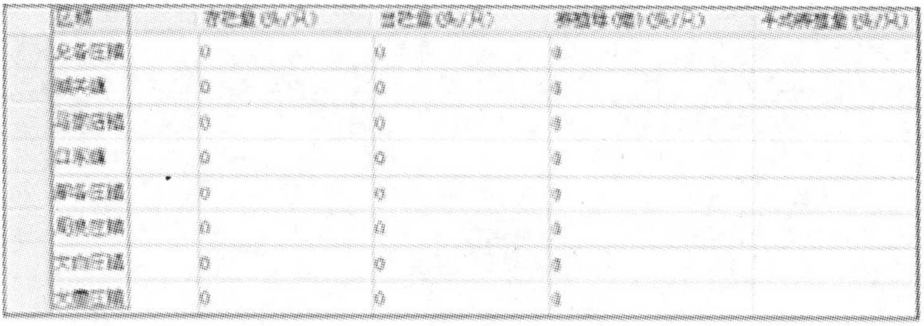

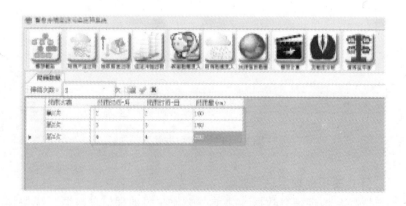

图1－11　养殖量统计表

（2）手动输入数据

将研究区域总存栏量、出栏量、养殖母（猪）量输入文本框，点击计算，即可完成平均养殖量计算。

1.4.5　降雨数据输入

图1－12　降雨数据录入

（1）输入降雨次数，点击"确定"按钮，自动生成统计表。

（2）完成降雨时间和降雨量输入。

降雨次数	降雨时间-月	降雨时间-日	降雨量(mm)
第1次	4	4	33
第2次	4	9	55
第3次			
第4次			
第5次			
第6次			
第7次			
第8次			
第9次			

（3）点击"完成输入"按钮

1.4.6　模型计算

在完成所有的数据和参数输入后，用户在"模型计算"模块就可以开始机理模型的污染负荷计算了。在计算之前，用户还可以在控制台调整研究区域的"低温阶段"设置。

输入区域总养殖量的用户，可以在控制台内看到一年内污染流失总量，还可以在统计表中看到每一次降雨的流失量。

使用地图数据的用户，不仅可以得到每一次污染物流失量，还

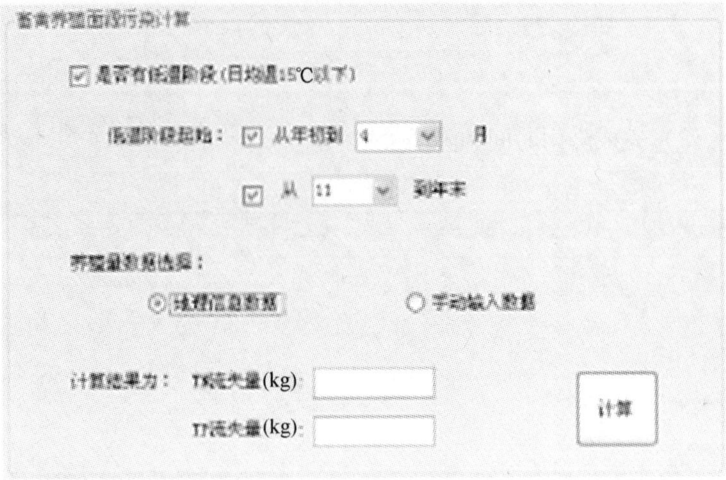

图 1-13 "模型计算"模块控制台

可以看到各个分区流失量，并可以在图 1-14 的地图上查询各区域的计算结果。

参考文献

［1］ M K Jha, P W Gassman, J G Arnold. Water Quality Modeling For The Raccoon River Watershed Using SWAT. Transactions of The ASABE, 2007, 50（2）: 479-493.

［2］ Y Yuan, R L Bingner, R A Rebich. Evaluation of AnnAGNPS on Mississippi Delta MSEA Watersheds ［J］. Transactions of the ASAE, 2001, 44（5）: 1183-1190.

［3］ 蔡新源. 农村面源污染的特点和控制［J］. 污染及防治, 2009（11）: 113.

［4］ 段勇, 张玉珍, 等. 闽江流域畜禽粪便的污染负荷及其环境风险评价［J］. 生态与农业环境学报, 2007, 23（3）: 55-59.

［5］ 黄金良. GIS 和模型支持下的九龙江流域农业非点源污染研究［D］. 厦门, 厦门大学: 2004.

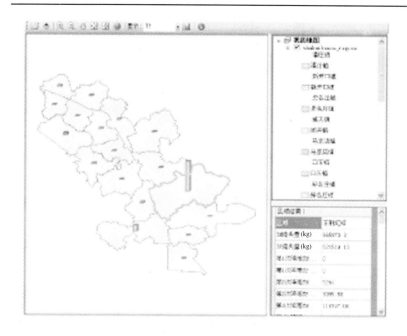

图1-14 模型计算结果

[6] 黄金良，洪华生，张珞平．基于GIS和模型的流域非点源污染控制区划［J］．环境科学研究，2006，19（4）：119-124.

[7] 彭里．重庆市畜禽粪便的土壤适宜负荷量及排放时空分布研究［D］．重庆：西南大学，2009.

[8] 沈根祥，汪雅谷，袁大伟．上海市郊农田畜禽粪便负荷量及其警报与分级［J］．上海农业学报，1994，10（增刊）：6-11.

[9] 宋家永，李英涛，宋宇，等．农业面源污染的研究进展［J］．中国农学通报，2010，26（11）：362-365.

[10] 孙莉宁．基于WARMF模型的流域非点源污染分析［D］．合肥：合肥工业大学，2005.

[11] 唐文清，全美杰，曹玲玉，等．基于灰色理论—马尔可夫模型对畜禽粪便量增长的预测［J］．衡阳师范学院学报，2009，30（6）：128-131.

［12］徐爱兰，王鹏．基于 SWAT 模型的圩区农业非点源污染模拟［J］．环境监控与预警，2010，2（1）：38－43.

［13］张蕾，卢文喜，等．SWAT 模型在国内外非点源污染研究中的应用进展［J］．生态环境学报，2009，18（6）：2387－2392.

［14］张敏，刘庆玉，等．沈阳地区畜禽养殖粪便污染物的环境压力及风险评价［J］．沈阳农业大学学报，2009，40（6）：698－702.

［15］张智奎．农村面源污染防治的问题及对策［J］．理论前沿，2009（2）：41－42.

第2章　畜禽养殖敏感区划技术

2.1　畜禽养殖区划与敏感区划

2.1.1　畜禽养殖区划

畜禽污染源对水源的污染程度，直接受地理因素影响。离水源地较近的污染源，相对于较远的污染源，将对水源的影响更大。为了提高污染治理效率，加强畜禽养殖污染治理的针对性，通常对不同位置的养殖区域采取分类管理的办法，即养殖区划。国内养殖区的划分，多以距河流或其他水源地距离为划分依据，大多在距河流300m以内设为养殖禁养区域。

2.1.2　畜禽养殖敏感区划

畜禽养殖敏感区划技术是一种全新的养殖区划分方法，它不同于传统的沿河距离划分方法，而是综合考虑地形、地貌、土壤等多种地理因素。其理论依据来源于非点源污染的形成机理。

非点源污染理论认为的污染入河贡献量除了受排放量决定外，更多地受到水文、地形、土地利用等众多下垫面因素的共同制约。这些因素通过影响地表污染物的淋溶效率影响污染物对环境的贡献率，造成非点源污染地域差异性显著。因此，通常少数易于形成面源污染景观单元输出的污染物占整个流域污染负荷的大部分，对于这些特殊的景观单元我们称为非点源污染敏感区域。

流域畜禽养殖非点源污染的敏感区划分是在不考虑畜禽污染源排放差异的前提下，通过综合考虑研究区域内用地类型，植被覆盖，水文，地质地貌等下垫面因素，判断识别研究区域内更容易形成畜禽养殖非点源污染的区域，为流域畜禽养殖面源污染的控制和养殖布局的调整提供依据。对于畜禽养殖的治理，如果采用全流域规模治理的方法，会消耗大量的人力、物力，却往往得不到最佳效果。而划分出更易于形成畜禽面源污染的敏感区域，对敏感系数较高的区域集中治理才是更为有效、经济的方法。

流域非点源污染敏感区域识别技术是本书养殖区划方案的核心技术，不同级别的养殖区是在敏感区识别的基础上，结合其他相关规划综合形成。因此，准确判断敏感区是养殖区划制定是否合理的基础和关键。

2.2　畜禽养殖敏感区划的研究进展

我国非点源污染研究是以 20 世纪 80 年代初苏州、北京、南京等城市面源污染研究为起点的，逐渐扩大到四川沱江、天津于桥、三峡库区、云南滇池、广东东江等农业及各方面的非点源污染。目前，针对畜禽非点源敏感区的专门研究还非常少，敏感区识别方法也基本上是面向"大农业"。总体上可以将这些方法分为 4 大类：通用土壤流失方程识别法、多因子综合分析识别法、分布式非点源污染模型识别法和指标体系识别法。

2.2.1　土壤流失方程识别法

由于土壤流失严重的地区往往也是农业非点源污染的敏感区，因而土壤侵蚀模型常常被作为寻找非点源污染敏感区的主要工具，许多非点源模型都从 USLE 模型演变而来。并且 GIS 技术应用农业非点源污染模型的研究在我国也已开展，取得了一定的成果。

刘枫等学者较早地介绍了量化识别非点源污染严重发生区及发

生时空规律的方法并应用于于桥水库流域。应用了美国通用土壤流失方程 ULSE 定量识别非点源污染的时空分布规律。但是很多因子的获取受当时计算机水平的限制，精度和详细程度有限。焦荔利用 SCS 水文模型、污染物流失方程和通用土壤流失方程，结合污染物监测数据，对西湖流域中营养元素的流失负荷进行了估算。黄金良等利用栅格 GIS 的空间分析功能结合通用流失方程（USLE），对中等尺度流域进行土壤侵蚀量预测，对土壤侵蚀严重区域进行空间识别研究。利用 GIS 和土壤流失方程较好地解决了流域农业非点源污染氮磷贡献与来源，标识了农业非点源污染氮磷等污染物的敏感区。庞靖鹏等基于 GIS 软件平台，并通过栅格运算来执行 USLE，最后生成密云水库流域非点源污染敏感区分布。但是由于受数据分辨率所限，模型的精度较低。然而从发展趋势来看，随着"3S"技术的飞速发展，数据的精度将会越来越高。因此，该方法有广阔的应用前景。胡连伍等利用简化的 USLE 模型在进一步完善的基础上与 GIS 相结合，简单有效地识别非点源污染潜在风险区。在气候、地貌、地形等因子不受人类控制的情况下，土地覆盖与利用可能是影响非点源污染最主要的动力学因子，该模型可以用来研究区域土地利用变化对区域非点源污染风险区空间转移特征的影响。模型识别出的高风险区可以作为进一步深入研究的对象。

2.2.2　多因子综合分析识别法

也称污染指数法，该方法综合分析影响污染物流失的主要因子，通过对各因子分级赋值并赋予不同的权重，通过权重的计算来评价该区域内污染物污染程度的高低，以数学关系综合成一个多因子判别模型，对流域内的污染敏感区进行识别。目前，采用半定量指数模型结合 GIS 技术是进行敏感区识别的重要方法。利用 GIS 的空间数据处理能力来处理流域非点源污染的空间变异性问题，可以方便地实现养分流失敏感区的识别以及对流域非点源污染的评价。多因子综合分析识别法中比较常用的方法有非点源污染潜力指数法（APPI）和磷指数法（PI）。

2.2.2.1　非点源污染潜力指数法（APPI）

农业非点源污染发生潜力指数系统（APPI）的模型公式和模型所涉及参数含义如下：

$$APPI_i = RI_i WF_1 + SPI_i WF_2 + CUI_i WF_3 + PALI_i WF_4 \qquad (2-1)$$

式中：RI 为径流指数，用于评价区域内的地表径流产生能力；SPI 为泥沙产生指数，用于评价区域内的泥沙流失潜力；CUI 为化肥使用指数，用于评价区域内化肥使用对非点源污染发生潜力的贡献；PALI 为人畜排放指数，用于评价区域内人畜排泄物的发生潜力及其对水体的影响；i 表示不同的区域；WF 表示不同指数的权重。

周徐海等通过 GIS 及计算机等辅助手段对容易发生非点源污染的地区进行识别，应用 APPI 计算太湖流域农业非点源污染负荷。在现场调查和收集农业环境数据的基础上，应用已建立的农业非点源污染发生潜力的评价系统，研究了宜兴市大浦镇 19 个行政村的非点源污染的负荷情况。结果表明，方钱村、浦北村以及大浦村非点源污染指数（APPI）位居所有行政村的前 3 位，初步判定其为非点源污染敏感区。

APPI 法虽然可以半定量化地评价流域农业非点源污染潜力，但是也存在一定缺陷。在比较充实的统计调查数据基础上，APPI 法可以半定量化对比各个行政区营养元素的总体流失程度，很少涉及污染元素的转化和迁移，可操作性较强。不足的是，这套方法对区域的划分直接采用行政边界，虽然为治理措施的实施提供了方便，但是由于行政边界与参照地形因子划分的小流域边界差异较大，强制将与非点源污染相关性较强的水系、地形等因素断裂，存在一定的不合理性。同时在求解其参数的过程中，将人畜排放指数和化肥使用指数简单地与行政区的面积相除，对区域内的污染负荷平均分配，这与识别敏感区的主旨略有相悖，在识别的精细程度上过于概化。

2.2.2.2　磷指数法（PI）

磷指数法是在分析自然环境、经济和社会等方面资料的基础上，综合考虑影响农业非点源磷污染的主要因子，评价流域内不同地区发生磷流失的危险性高低的一种方法。建立的农田尺度磷流失综合指数按如下公式进行计算：

$$PI = \sum (W_i \times V_i) \qquad (2-2)$$

式中：W_i 为各个影响因子（包括迁移扩散因子和源因子）的权重；V_i 为各因子的等级值。

张淑荣等系统介绍了磷指数（PI）的评价指标体系和计算方法，率先将 PI 应用于桥水库流域磷流失的风险性，结果显示，流域中磷流失危险性中等的地区占到整个流域面积的 20% 左右；较高和极高的区域即敏感区不到全流域面积的 6%，具有高和中等危险性的地区主要分布在流域河流两岸，大部分为流域内丘陵平原区的农田以及部分为地形较陡的山区农田。时亚楼等在巢湖流域建立了农业非点源磷污染高负荷区识别的架构，并根据巢湖流域的区域特点给出了相关因子的计算方法，对流域磷流失敏感区进行了初步识别。李琪等在 Hughes 等的流域尺度磷分级方案的基础上，提出了修正的流域尺度磷分级方案，并运用到官厅水库上游妫水河农耕区的磷元素风险性评价。提出的新方案中包括 8 个评价因子，每个因子都有 3 个磷流失风险性等级，各评价因子均确定了定量分析方法。在妫水河农耕区，运用 GIS 技术得到了整个研究区内的非点源磷流失的风险性评价图，并根据磷流失敏感区的分布特点提出了相应的控制措施。新方案注重定量分析，并加强了与地统计学、GIS 等技术的结合，不但增强了它的评价能力，还可以直观地显示出评价结果，具有很强的实用性。

磷指数法识别非点源污染敏感区比较简便，但是也有一些学者提出不同的意见。磷指数法能够比较全面地考察导致土壤中磷发生流失的主要因素，且不使用复杂的数学计算方法和模型，并可充分发挥 GIS 技术的各种功能，简便且实用。由于其此特点，磷指数法在我国的应用已经逐渐展开。但是到目前为止，还没有建立起适合我国农业特点的流域农业非点源磷污染评价方法和体系，必须根据我国人为的施肥状况、自然地理条件、农田排水措施以及缓冲带的状况等对磷指数法进行修正，而且区域的气候、土壤等管理政策和地理特征的差异，识别体系因子的选择及相应等级的确定都有不同，因此，迫切需要在全国不同地区不同尺度的流域开展这方面的研究，识别农业非点源污染的高负荷区，为流域水污染治理提供科学依据和有针对性的调控措施。

2.2.3　分布式非点源污染模型识别法

20 世纪 70 年代中后期以来，CREAMS、HSPF、ANSWERS、AGNPS 等这些功能和尺度各异的机理型非点源污染模型被研制开发；随着 "3S" 技术广泛应用于流域研究，一些集数据库技术、空间信息处理、数学计算与可视化表达功能于一身的大型流域模型也广泛应用于农业非点源污染研究。这类模型通过对污染物的转化过程机理、迁移路径及输出的连续模拟，可找出污染发生的时间与重点区域。

高龙华通过 GIS 和 AnnAGNPS 分布式参数模型，对御临河小流域非点源污染来源探讨定量和空间分异性，标识了流域典型污染负荷的敏感区，为流域非点源污染控制区划提供了定量分析的基础。

分布式非点源模型识别法虽然可以提高模拟精度，但是也存在一定的弊端。国内采用分布式非点源模型识别法的文献大都是对模型的介绍、模型参数的本地化以及模型适应性的验证。这种方法的优点在于模型的机理模拟比较符合实际，在基础数据比较翔实的情况下可以比较精确地模拟小区域甚至整个流域的非点源污染，可较好地反映土地的区域变异情况，善于发现区域局部的异常与影响；但同时详细的机理模拟需要大量数据的支撑，众多参数的获取限制了该种方法的使用。而且由于非点源污染的机理十分复杂，也有学者指出对非点源发生机理无限精细的公式描述非但不能增加模型的精度，反而会造成计算过大、计算误差增高导致模型精度下降。

2.2.4　指标体系识别法

输出系数法通过野外小型观测试验，分析各类景观及集水区特征与地表水污染物浓度之间的关系，确定各类景观中单位时间或单位面积的污染物输出系数，建立景观与污染物输出相关函数，然后应用于较大范围或具有类似景观特征的集水区或流域。

陈诚等在 ArcGIS 软件系统下，将研究区域划分成 2 712 个 1km × 1km 的网格，利用矢量叠置分析算法将环境敏感地区的各类要素切分至各网格单元，并以面积比重作为分值；跨越不同等级但同种要素的网格，该要素分值等于该网格内不同等级要素占网格面积比重按等级加权之和。按照这种方法，他们划定了生物多样性维护、水污染防治、潜在灾害预防、水资源、优质农地和历史文化保护六类环境敏感区，并进行环太湖地区环境敏感性的综合评价，明确了环太湖地区环境敏感性空间分布特点，在此基础上，将环太湖地区划为高、较高、一般和低四类环境敏感性区域，可以作为确定各类区域未来最佳空间功能方向的重要依据。

综上所述，土壤流失方程（USLE）识别法，对于分析非点源污染敏感区具有较好的计算精度，相对于其他几种方法而言，参数较少，易于计算，而且可以通过 GIS 技术将区域内的敏感度差异可视化表达，因此，该技术成为非点源污染敏感区划分目前应用最广的方法，本书使用该技术进行畜禽养殖敏感区划分。USLE 模型本为土壤侵蚀量的计算模型，在应用到敏感区划分领域后可以对模型进行简化，本书介绍区域划分技术对模型进行了大量的修正和优化，提高了模型计算效率。

2.3　USLE 模型应用适应性分析

土壤侵蚀方程 USLE 模型是美国用于估算降雨和地表径流对土地溅蚀、片蚀、侵蚀过程中土壤流失量的一个数字模型，是美国土壤保持所花了 40 多年时间现场观察调查得出的经验方程。它对比不同降水、土壤质地、坡度、植被条件下土壤流失量差异，通过大量的实测数据建立地理因素与土壤流失的相关关系，得到了土壤流失量方程：

$$A = R \times K \times LS \times C \times P \tag{2-3}$$

式中，A 为土壤侵蚀率；R 为降水和地表径流侵蚀力因子；K 为土壤质地因子；ls 为地形起伏度因子；C 为地表植被覆盖因子；P 为土地利用措施因子。

目前，我国畜禽养殖业仍以中小分散养殖户为主，粪便无害化处理设备相对匮乏，多数养殖户对粪便的处理，采用简单的堆放在沟渠岸边、田埂上的方法，遇到降雨极易流失到河流沟渠中，造成非点源污染。

针对流域内养殖户粪便堆放情况，划分畜禽养殖的敏感区域可以采用土壤侵蚀模型（USLE）。堆置粪便的流失过程与土壤流失的过程基本相似。粪便流失入河所涉及的影响因子如降雨径流，地表植被覆盖，土壤质地等均为 USLE 模型影响因子，故本书将在 USLE 模型的基础上划分畜禽养殖的敏感区域。

利用美国 USLE 模型对区域内污染物流失量进行定量计算，需要通过大量实验对模型参数进行本地化修正，过程繁琐。划分敏感区的目的并非定量计算流域非点源污染负荷量，而是通过 USLE 模型估算土壤侵蚀度差异，进而推论面源污染敏感区域。因此，在回避定量计算的前提下，可以进一步简化模型计算过程，修改模型参数，使其更适应研究区域实际情况。

2.4 GIS 与 USLE 结合

世界中的任何事物都被牢牢地打上了时空的烙印，畜禽面源污染也不例外。地理信息系统作为获取、存储、分析和管理地理空间数据的重要工具，近年来得到了广泛关注和迅猛发展，将污染分析模型从数值模型发展为空间模型也成为新的热门研究领域。

地理信息系统（Geographical Information System，GIS），它以地理空间数据库为基础，采用地理模型分析方法，适时提供多种空间和动态的地理信息，为地理研究和地理决策提供技术支持和方法。

敏感区分析过程是一个空间分析的过程，涉及大量空间数据的计算，分析结果即为地理空间的数值差异性。USLE 模型本身是一个一维的数值模型，单次模型计算可以计算出某地区土壤流失量。将 USLE 应用到敏感区分析，可以将 USLE 模型视为一个地学模型，通过对研究区域所有地区的计算，将一维的数值结果推演为二维空间结果。

空间运算计算量巨大，必须利用地理信息软件完成整个模型的计算过程。ArcGIS Desktop 是一个集成了众多高级 GIS 应用的软件套件，它包含了一套带有用户界面组件的 Windows 桌面应用，包括：ArcMap，ArcCatalogTM，ArcTooboxTM 以及 ArcGlobe。ArcGIS Desktop 可以为用户提供强大屏幕数字化，空间分析，空间数据叠置运算等地信功能，完全满足 USLE 模型对空间数据操作的要求，本节中 USLE 模型计算在 ArcGIS Desktop9.2 软件平台上实现。

2.5 USLE 模型敏感区划分方法

畜禽养殖非点源污染产生过程：降雨在地表形成径流，径流冲击粪污流失到地表土壤甚至直接进入河流。这一过程中，粪便的入河量受降雨量、地表土地利用类型、植被覆盖、土壤质地和地表坡度的影响。其流失过程与土壤侵蚀过程相同，影响因子参照 USLE 模型因子，模型方程如下：

$$A = R \times K \times LS \times C \times P \qquad (2-4)$$

式中，A 为畜禽养殖非点源污染入河率；R 为降水和地表径流侵蚀力因子；K 为土壤质地因子；LS 为地形起伏度因子；C 为地表植被覆盖因子；P 为土地利用措施因子。针对畜禽养殖特点并适应不必定量计算的要求，对原模型中"降雨和地表径流因子"的算法进行较大的修改，并对其他的因子计算过程进行了相应简化。

2.5.1 降雨和地表径流因子

雨滴击溅作用和因降雨产生的径流，是最主要的非点源污染流失动力。降水和地表径流侵蚀力因子就反映了这种作用力，它是指降雨和地表径流引起污染物流失的潜在能力。原 USLE 模型中，R 因子的计算过程是利用降雨量和降雨时间推求地表的径流量。由于研究仅关注区域污染流失率的差异，并不实际计算污染物的淋溶量，一般研究区域内部降水量差异很小，所以降水量因素不予考虑。模型 R 因子通过考虑污染源距河流远近，辨别污染物入河的差异性。

畜禽污染物的入河量与污染源距河道的距离成反比关系，即距离越远入河量或入河可能性越小。入河量随距离变化的衰减模型选用 Sivertun 确定的侵蚀量随河道距离变化的衰减公式（2-5）

$$F(x) = 0.6/e^{0.002x} - 0.4 \qquad (2-5)$$

流域内主河道附近的环境敏感性明显高于支流附近区域的敏感性。为了区别河流级别之间的差异，按照河流支、干关系以及河流的流量，对研究流域内的河流进行分级。根据流域的大小具体制定等级层数。一般将研究流域内主要干流定为一级河道，一级河道的支流为二级河道，依此类推。在衰减模型的计算过程中，将结果按照河流等级的差异赋以不同的权重，从而区分不同级别河流对污染源的影响。

对于河流交汇的地区，如图 2-1 中污染源 A，当形成地表径流后污染物可能会从两个方向分别流入河流 1 和河流 2，所以污染源 A 的流失量远高于污染源 B。仅考虑污染源距最近河道的距离显然不符合 A 的实际情况。因此，R 因子推求必须将每条河流分层矢量化，之后分别按照衰减模型计算每一条河流对流域的距离衰减，最后将衰减结果叠加，得到的结果即可以反映污染源受多条河流的共同影响。

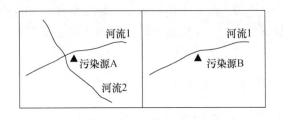

图 2-1　污染源 A、B 示意图

2.5.2　土壤质地因子

土壤质地因子（K）反映了土壤质地对污染物流失的影响，是一项评价污染物在不同土壤上被流水侵蚀、分离、搬运难易程度差别和搬运过程中下渗沉积差别的内营力指标。一般而言，土壤质地越重（即土壤黏粒比重大），降雨形成的地表径流越大，径流侵蚀搬运力越强，在搬运过程中下渗力越差。研究采用 Williams 等 EPIC（Erosion – Productivity Impact Calculator）模型中发展的土壤可蚀性因子 K 的估算方法，根据土壤有机质和颗粒组成资料推算研究区不同土壤类型的可蚀性因子，计算公式如下：

$$K = \{0.2 + 0.3\mathrm{e}^{-0.256S_1(1.0-S_2/100)}\} \times \{S_2/(n+S_2)^{0.3}\} \times \{1.0 - 0.25C/$$
$$(C + \mathrm{e}^{372-2.98C})\} \times \{1.0 - 0.07S_3/(S_3 + \mathrm{e}^{-5.51} + 229S_3)\} \qquad (2-6)$$

式中：S_1 为砂粒含量（％），S_2 为粉粒含量（％），n 为黏粒含量（％），C 为有机碳含量，$S_3 = 1 - S_1/100$。

根据土壤普查资料，获得研究区的土壤类型和各种土壤的机械组成、粒级含量和有机质含量，利用土壤可蚀性 K 值计算公式，近似确定出研究区不同土壤类型因子 K 值。常见土壤类型 K 值见表2–1。

表 2–1　常见土壤类型质地因子表

土壤类型	土壤质地因子（K）
普通潮土	2.628
盐化潮土	2.243
盐化潮湿土	2.914
水稻土	3.264
湿地	1.52

2.5.3　地表植被覆盖因子

地表植被覆盖因子 C 也称生物学因子，它反映植物覆盖和作物栽培措施对防止污染物流失的效果。植被具有截留降雨、减缓径流等生态功能，对控制非点源污染扩散起着决定性的作用。由于USLE模型中 C 值的经典算法非常复杂，为了简化模型，在本次模型计算中采用归一化植被指数（NDVI），估算植被覆盖因子。

NDVI 是最常用的植被覆盖指数，它能有效地反映植被生长状态、植被覆盖度并可以消除部分辐射误差。NDVI 值是近红外波段与可见光波段像元值的差与像元值的和之比，计算公式为：

$$NDVI = NIR - R/NIR + R \qquad (2-7)$$

式中：NIR 为近红外波段，R 为可见光波段。

遥感软件 Erdas 中有专门的 NDVI 指数计算模块（见图 2-2），运用 Erdas 可以方便计算出遥感影像的 NDVI 指数。

之后，根据蔡崇法在《中国的土壤侵蚀因子定量评价研究》中经验公式（5），利用 NDVI 指数 I_c 计算地表植被覆盖因子 C。

$$\begin{cases} C= 1 & I_c = 0 \\ C= 0.680\,5 - 0.343\,6\,\lg I_c & 0 < I_c < 78.3 \\ C= 0 & I_c > 78.3 \end{cases} \qquad (2-8)$$

2.5.4 土地利用措施因子

土地利用措施因子（P）即考虑由于地表的农业种植物不同或覆盖物不同造成污染物流失和搬运强度上的差异。研究首先要获取区域内用地类型的空间信息，可以借助遥感影像，通过人机交互解译方法对土地利用类型进行解译分类。之后，在对栅格数据以不同用地类型赋以不同的 P 值。P 因子取值参考黄金良、张玉珍等在九龙江流域的研究成果及其他文献，确定不同土地利用类型 P 值，见表 2-2。

表 2-2 土地利用措施因子表

土地利用类型	P 值
农田	0.18
城镇建设用地	0.12

续表

土地利用类型	P 值
水域	0
山地	0.25
裸地	0.35
果园	0.22

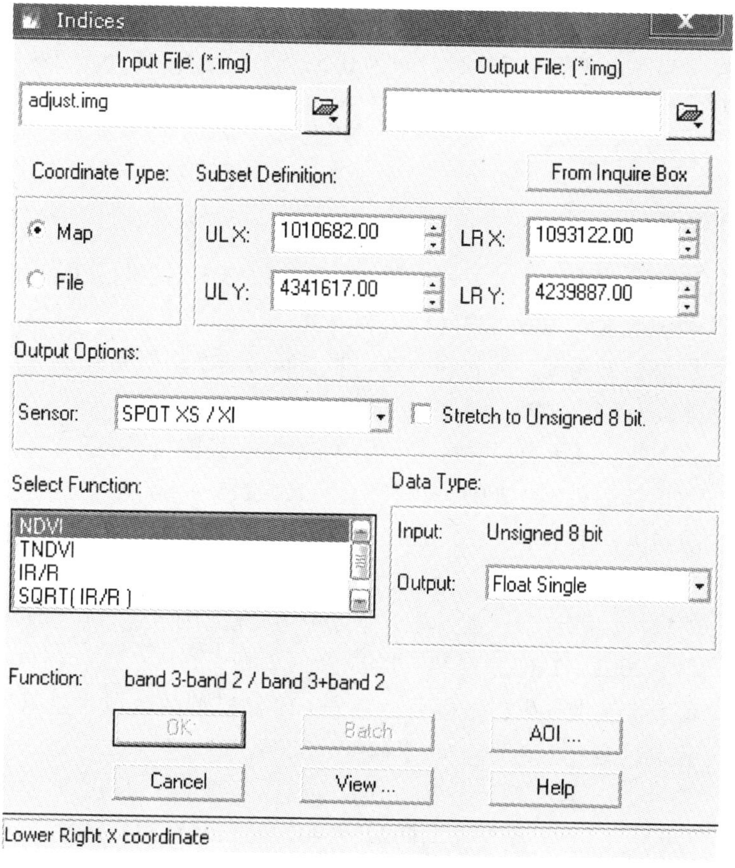

图 2 - 2　Erdas 中 NDVI 指数计算图

2.5.5 地形起伏度因子

地形因子 *IS* 反映了地形地貌特征对污染物流失、搬运过程的影响。通常将地形坡度因子 *L* 和坡长因子 *S* 共同考虑，结合为 *LS* 地形起伏度因子。根据 Mitasova 的研究[12]，地形起伏度因子计算公式如下：

$$LS = (L/22.1)^m (65.4\sin2S + 4.5\sin S + 0.065) \quad (2-9)$$

式中：*IS* 为地形因子，*L* 为坡长（m），*S* 为坡度角，*m* 为坡度指数（当 *S* 大于等于 5% 时，*m* 为 0.5；当 *S* 大于 3% 小于 5% 时，*m* 为 0.4；当 *S* 大于等于 1% 小于 3% 时，*m* 为 0.3；当 *S* 小于 1% 时，*m* 为 0.2）。

参考文献

［1］陈诚，陈雯，王波. 环太湖地区环境敏感区划定与分区［J］. 经济地理，2009，29（1）：34 – 38.

［2］程炯，林锡奎，吴志峰，等. 非点源污染模型研究进展［J］. 生态环境，2006，54（3）：641 – 644.

［3］高龙华. 基于模型敏感性分析的非点源污染控制管理研究［J］. 水电能源科学，2008，26（5）：112 – 115.

［4］胡连伍，王学军，罗定贵，等. 基于 GIS 的流域非点源污染潜在风险区识别［J］. 水土保持通报，2007，27（3）：78 – 82.

［5］胡雪涛，陈吉宁，张天柱. 非点源污染模型研究［J］. 环境科学，2002，5（3）：124 – 129.

［6］黄金良，洪华生，张珞平. 基于 GIS 和模型的流域非点源污染控制区划［J］. 环境科学研究，2006，19（4）：25 – 28.

［7］焦荔. USLE 模型及营养物流失方程在西湖非点源污染调查中的应用［J］. 环境污染与防治，1991，23（6）：55 – 62.

［8］李琪. 妨水河流域农耕区非点源磷污染危险性评价与关键源区识别［J］. 环境科学，2007，29（1）：33 – 35.

［9］刘枫. 流域非点源污染的量化识别方法及其在于桥水库流域的

应用 [J]. 地理学报, 1988, 43 (4): 13-16.

[10] 潘沛, 刘凌, 梁威. 非点源污染模型 ANSWERS-2000 的水文子模型研究 [J]. 水土保持研究, 2008, 12 (1): 103-106.

[11] 庞靖鹏, 徐宗学, 刘昌明, 等. 基于 GIS 和 USLE 的非点源污染关键区识别 [J]. 水土保持学报, 2007, 21 (2): 47-50.

[12] 时亚楼. 巢湖流域农业非点源磷污染高负荷区的初步识别 [D]. 南京: 南京大学, 2005.

[13] 张淑荣, 陈利顶, 傅伯杰. 农业区非点源污染潜在危险性评价——以于桥水库流域磷流失为例 [J]. 第四纪研究, 2003, 23 (3): 262-269.

[14] 周徐海, 王宁, 郭红岩, 等. 农业非点源污染潜力指数系统在太湖典型区域的应用 [J]. 农业环境科学学报, 2006, 25 (4): 1029-1034.

[15] 邹桂红. 基于 AGNPS 模型的非点源污染研究 [D]. 青岛: 中国海洋大学, 2007.

应 用 篇

第3章 潮白新河下游流域概况

3.1 研究区基本情况

潮白新河是天津市一级河道,沿线远离城市,周边坑塘、菜地、水田星罗棋布,是天津市农田灌溉和水产养殖的重要水源地,同时也成为畜禽面源污染物的重要受纳水域。从产业结构上看,潮白新河下游流域农业产业化规模不高,中小型分散养殖户在养殖经济中占有重要地位。而从污染治理角度,分散养殖户对环境污染也更为严重,绝大部分分散养殖单元的养殖废弃物,都在不进行任何处理的条件下,直接排放到环境,对环境造成严重影响。因此,加强潮白新河流域畜禽面源污染的治理控制,对于改善潮白新河水质具有重要意义。

潮白新河下游流域畜禽养殖管理区划以流域畜禽养殖为管理对象,所辖区域具体包括天津市宝坻区、宁河县 2 个区县,其中宝坻 13 个乡镇,总面积 1 070km²;宁河 4 个乡镇,总面积 449km²(详见图3-1)。

管理区划以控制流域畜禽面源污染,改善潮白新河水质为管理目标,围绕畜禽养殖非点源污染控制开展了潮白新河流域非点源污染控制区划、典型小型养殖户非点源流失过程、流域畜禽养殖非点源计算模型构建和典型养殖户非点源控制技术和示范等系列研究工作,研究成果对流域畜禽养殖布局调整、流域畜禽非点源污染状况估算和分散型畜禽养殖治理和控制工作提供技术支撑,对潮白新河下游流域地表水环境整治工作具有积极的意义。

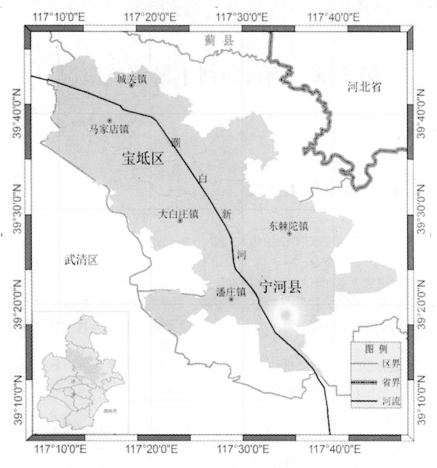

图 3 - 1 潮白新河流域下游流域

3.2 研究区域环境特征

3.2.1 水质特征

通过对潮白新河下游流域水质进行综合调查，可以综合了解潮白新河及其支流的水质污染现状，从侧面了解流域非点源污染基本状况，摸清研究流域污染状况，为畜禽养殖非点源污染敏感区划分提供基础数据。对潮白新河及其支流水质本底监测见图3-2。

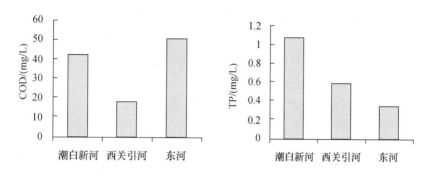

图3-2 潮白新河及其支流水质本底监测

2001—2006年，潮白新河年平均水质总体均为劣V类，主要污染因子为氨氮和化学需氧量。2007年，随着上游北京等地来水水质的改善和宝坻区工业点源污染治理力度的加大，潮白新河水质明显好转，2009年6月监测水质达到V类。

从图3-3可以明显看出，每次降雨后，潮白新河支流COD浓

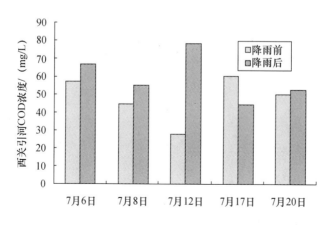

图3-3 西关引河降雨前后水质COD浓度对比

度明显上升，这证明降雨冲蚀加大了流域地表水水质污染负荷，说明流域面源污染对潮白新河水质影响较大。

3.2.2 水文分布

通过查阅天津市水利志、宝坻水利志、宁河水利志，确定区域共有：一级河道 1 条：潮白新河；二级河道 10 条：窝头河、箭杆河、导流河、引滦明渠、绣针河、青龙湾故道、西关引河、曾口河、津唐运河、卫星引河。

利用 ETM 遥感影像目视识别河流，确定每条河流起始位置及流向。在 ArcGIS 平台下，以 ETM 影像为基图数字化河流，生成流域河网水系图如下：

图 3 - 4　潮白新河下游流域河网水系

3.2.3 土壤类型

全国土壤第二次调查数据中对此区域划定土壤类型共有 7 种，分别为普通潮土、水稻土、湿潮土、潮土、盐化湿潮土、盐化潮土、盐化潮湿土。矢量化潮白新河下游流域土壤类型，见图 3－5：

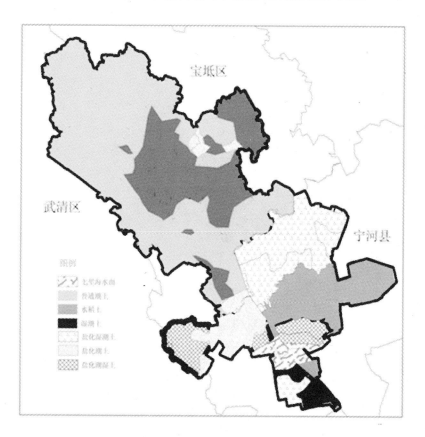

图 3－5 潮白新河下游流域土壤类型分布

3.2.4 土地利用现状

通过遥感解译手段，利用 2009 年 10 月 ETM 遥感影像，对研究区域进行土地利用现状识别。首先，在 Erdas 平台下，运用 Classes 模块中非监督分类工具，对研究区域进行初步分类。通过目视判读遥感图和分析初步分类结果，得出研究区域用地类型包括：旱田、城镇建设用地、水田、水域、菜地、湿地六类。

随后，在研究区域内随机设置解译训练区，训练区平均分布在研究区域内，尽量覆盖所有用地类型。对训练区进行实地考察，并坐标定位，确定训练区的土地利用类型。最后，依据训练区的土地类型，通过监督分类方法，确定研究区域土地利用现状。

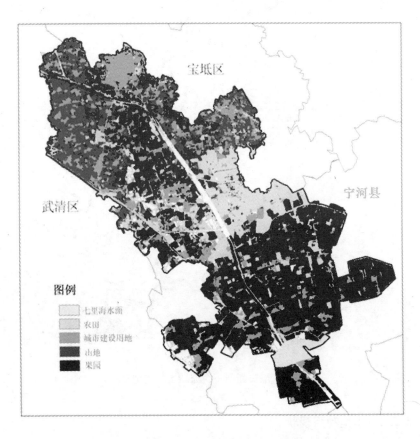

图 3 - 6　潮白新河下游流域土地利用现状分布

3.2.5   地形起伏

研究流域地形起伏状况直接影响非点源污染的扩散方式，对于畜禽非点源污染敏感区划分和污染物流失机理研究具有非常重要的意义。

数字高程模型（Digital Elevation Model，DEM）是一定范围内规则格网点的平面坐标（X，Y）及其高程（Z）的数据集，它主要是描述区域地貌形态的空间分布，是通过等高线或相似立体模型进行数据采集（包括采样和量测），然后进行数据内插而形成的。本研究利用 2009 年 ETM 影像获取研究区域 DEM 数据，分析研究流域地势起伏状况。

图 3-7   潮白新河下游流域 DEM 数据

3.3　研究区养殖特征

研究区域包括天津市宝坻区、宁河县2个区县，共13个乡镇。按照养殖规模和养殖组织形式将流域养殖单元分为养殖户、养殖小区和养殖场3种。根据第一次污染源普查数据统计结果，统计研究流域各区县养殖量详见附表1。各区县产业结构差距明显，以第一产业为主要经济支柱的区县，养殖量明显高于二、三产业为主的区县，区域内养殖分布状况见图3-8。

统计结果显示，研究区域内，鸡的出栏量为8 419 720只，猪的出栏量为403 129头，牛的出栏量为28336头。其中养殖户猪的出栏量133 682头，占总量的33.16%；养殖小区出栏量163 797头，占总量的40.63%；养殖场出栏量105 650头，占总量的26.21%。说明本流域生猪养殖以分散型养殖为主体，规模化养殖场占养殖比例

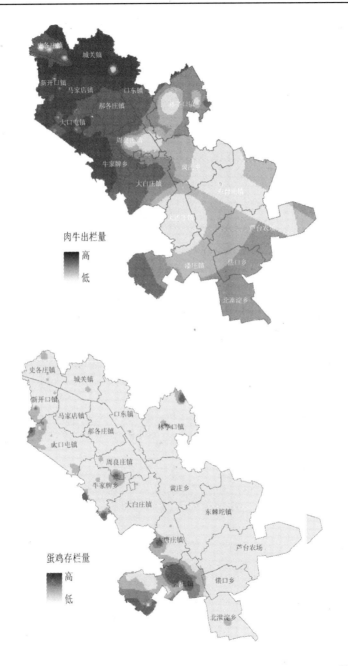

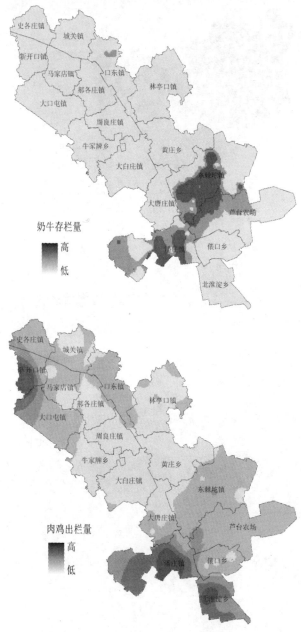

图 3-8　畜禽养殖分布

偏小。牛的养殖结构类似于猪。鸡的规模化养殖比例比较高，养殖场占养殖比例的 90% 以上。

为了彻底了解该区域养殖户的养殖状况，笔者通过现场走访和典型性调查，对该流域养殖单元进行了深入的调查。从调查结果来看，该区域畜禽养殖污染非常严重，这主要是由于除少数的大规模养殖企业具有粪便集中处理设备外，多数中小养殖户没有对粪便采取任何处理措施。多数的养殖户只是简单将粪便堆放在沟渠岸边、田埂上，遇到降雨极易流失到河流沟渠中，造成非点源污染。

综上所述，潮白新河流域覆盖天津市的养殖大县宁河县和宝坻区，是天津市的养殖密集区域。由于缺乏管理和粪便处理设备，流域畜禽非点源污染特征明显，畜禽粪污在暴雨冲蚀下进入环境给当地造成严重污染负荷。为了加强农村污染防治，控制畜禽非点源污染，必须从管理角度制定畜禽养殖区划，并结合污染控制技术对畜禽非点源污染进行有效的控制和治理。

第 4 章　潮白新河下游流域畜禽养殖非点源污染负荷计算

摸清流域畜禽养殖非点源污染负荷，是制定具体污染防治管理措施的基础和前提。然而，由于非点源污染存在随机性、广泛性、模糊性等特征，污染负荷计算准确度一直不高。本书第 1 章介绍的"畜禽养殖非点源污染负荷计算模型"，不同于传统的系数计算方法，属于机理计算模型。由于模型从非点源污染形成机理出发模拟污染产生的全过程，因此模型计算精度较传统方法大为提高。虽然模型结构繁冗，但是经过程序化封装后，软件使用方便，即使不了解模型结构用户也可以使用。

该模型需要设置多个环境参数，软件提供了参数的默认设置，但是为了提高计算精度，通过试验方法在研究流域当地对参数进行运算，得到了最符合本地环境条件的参数值。

4.1　模型参数测算

4.1.1　畜禽粪污堆积—挥发实验

（1）实验目的

计算机理模型参数：常温阶段 b_0、b_1，低温阶段 b_0、b_1、b_{TP}。

畜禽粪污堆积—挥发实验可以模拟畜禽粪污的日积累过程和营养元素的流失过程，通过定期检测粪污中 TN 含量可以分析 N 元素以氨气形式挥发的散失过程。运用数学方法模拟散失过程，为畜禽养殖污染机理模型相关参数计算提供数据支持。

（2）实验原理

粪污堆放在环境中，在外界温度适合的情况下，粪污发生熟化反应，粪污内部温度会在一周时间内升至最高，然后逐渐降低。在高温条件下，粪污内的硝态氮易转化为铵态氮，铵态氮不稳定，又易分解为氨气挥发到大气中；在中低温条件下，硝化菌易于繁殖生长，粪污内硝化作用增强，易使铵态氮转化为硝态氮，而使氨气挥发量降低。因此，在粪污通风堆放的过程中，内部的 N 元素会由于氨气的挥发而不断丧失，N 元素的损失速度会随着粪污温度的降低而降低。

将粪污堆放在露天环境中，保证堆放在通风条件下，粪污中 N 元素可以以 NH_3 形式挥发到大气中，通过定期对粪污取样，测定其干基物质中的 TN 含量，可以推算出单位时段内 N 的挥发量，并且可以将挥发量以时间为自变序列建立回归方程，从而摸清堆放过程中 N 的挥发规律。

（3）实验方法

按照图 4－1 搭建实验设备。具体实验方法如下：按照图 4－1 搭盖防雨棚，防雨棚由塑料大棚覆盖以防止雨淋，塑料棚与地面有一段间隔保证棚内通风，若遇大暴雨可以加盖挡雨布；防雨棚底砌 50cm 高水泥围栏，防止地表径流进入棚内。防雨棚的搭盖要保证堆放在通风条件下，粪污中 N 元素可以以 NH_3 形式挥发到大气中。在不降雨天气情况下，保证粪污堆放通风，与外界环境同温同湿；在降雨条件下，保证粪污不受到降雨和地表径流的侵蚀。

将若干堆新鲜粪便分为两堆（A 堆、B 堆）堆放在防雨棚内。以 5 日或 10 日为一周期，对棚内的两个堆粪样品取样检测，检测项目要包括样品粪污的质量、含水率、总氮、总磷、铵态氮。

考虑到微生物活动在低温冻融情况下和常温下差异显著，故必须将该实验分为常温、低温两个时段进行。常温时段可以选择 5—10 月进行试验，低温阶段可以选择 12 月至翌年 2 月进行。

（4）实验检测项目

图 4-1　畜禽粪污堆积—挥发实验

表 4-1　畜禽粪污堆积—挥发实验检测项目

周期	质量/kg	含水率/%	TN/（g/kg）	TP/（g/kg）
第 x 周期				

（5）机理模型相关参数计算方法

公式（4-1）、（4-2）中的衰减参数，可以通过"粪污堆积—挥发实验"监测结果计算。如前所述，公式（4-1）、（4-2）是以时间（日）序列为自变量，以单位质量干基物质中总氮含量为因变量，拟合 TN 在常温阶段和低温阶段的衰减规律。通过使用 SPSS 统计软件对 TN 在常温阶段和低温阶段的变化趋势进行拟合，常温阶段衰减过程符合指数衰减规律，低温阶段衰减过程符合线性衰减规律，拟合回归方程如下：

常温阶段：

$$m = b_0 \times e^{b_1 x} \tag{4-1}$$

低温阶段：

$$m = b_0 - b_1 x \tag{4-2}$$

式中：x——时段内的天数；

m——单位质量干基粪污 TN 含量；

b_0——衰减参数 1；

b_1——衰减参数 2。

利用"粪污堆积挥发实验"，以 5 日或 10 日为一周期，对 A、B 两堆样品进行取样化验，检测样品的含水率和单位质量干基物质 TN 含量。对两堆样品，分别在常温阶段和低温阶段进行 10 次以上取样化验。将这些检测结果代入公式（4-1）、（4-2）可以计算得到多个衰减参数的计算结果，去除偏离均值较大的异常值，将剩余结果取算数平均即为最终衰减系数结果。

4.1.2 径流冲蚀实验

（1）实验目的

计算机理模型中降雨产流过程参数 λ，径流冲蚀过程参数 k_2。

通过径流冲蚀实验模拟畜禽粪污在自然环境中的降雨冲蚀过程，利用监测结果计算在不同降雨强度下污染物的流失量，为畜禽养殖污染机理模型中"降雨产流过程"和"径流冲蚀过程"中相关参数计算提供数据支持。

（2）实验原理

将粪污堆放在露天环境下，每一次降雨产生的地表径流会冲蚀粪污，将部分或全部污染物冲蚀到环境中去。降雨侵蚀程度取决于降雨量和地表径流产生量。通过"径流冲蚀实验"首先可以检测每次降雨过程中的降雨量和地表径流量。通过多次检测数据可以模拟二者之间的关系，为 SCS 模型参数本地化修正提供数据支撑；同时，通过实验装置收集检测降雨淋失样品，可以测算出每次降雨造成的污染物流失总量。利用污染物流失数据与地表径流数据可为污染物冲刷模型提供必要的数据支撑。

（3）实验方法

按图 4 – 2 砌径流池。径流池内堆放畜禽粪污，在径流池前端狭窄处挖坑放置径流桶，使粪污堆砌面高于径流桶口。该实验设施在降雨过程中运行，降雨过程中在径流桶上方加遮盖物，防止降雨直接淋入径流桶。整个设施保证降雨仅通过淋溶池内粪便后，进入径流桶。

图 4 – 2　粪污流失实验装置

实验通过模拟降雨冲蚀粪便过程，分析污染物流失过程。在降雨来临之前将径流桶安放至径流池内，对径流池内粪污承重，采样化验，检测其 TN，TP 含量；降雨结束之后取出径流桶，对径流桶内污水称重、采样，检测其 TN、TP 浓度，并刷洗径流桶为下次实验准备。

（4）实验检测项目

表 4 - 2　径流冲蚀实验检测项目

	降雨前				降雨后		
径流池	粪污质量/ kg	含水率/ %	TN/ (g/kg)	TP/ (g/kg)	污水质量/ kg	TN/ (g/kg)	TP/ (g/kg)
径流桶							

（5）机理模型相关参数计算方法

①降雨产流过程中参数 λ 修正

前面介绍的 SCS 模型中，土壤初损量与潜在入渗量的比值 λ，可以利用"径流冲蚀实验"提供数据进行计算。如前文所述，SCS 模型公式（4-3）中，以降雨量，土壤最大入渗量为自变量，以地表径流量为因变量，推导关系方程如下：

$$Q = \frac{(P - \lambda S)^2}{P + (1 - \lambda)\,S} \qquad\qquad P \geqslant \lambda S$$

$$Q = 0 \qquad\qquad\qquad\qquad P < \lambda \qquad\qquad (4-3)$$

式中：Q——地表径流量；

　　　P——降雨量；

　　　S——最大可能入渗量；

　　　$λ$——土壤初损量与潜在入渗量的比值。

Q（地表径流量）为每次实验结束后径流桶中收集的淋溶液体积。降雨量采用雨量筒测量，S 值可以查询 NRCS 提供的差算表和计算方法（详见前文 2.2.3），$λ$ 为唯一未知参数。将以上数据通过实验检测获取，代入公式（4-3），计算参数 $λ$。经过多次实验计算之后，将偏离均值较大的异常值剔除，剩余结果取算术平均即为参数 $λ$ 最终结果。

②地表径流冲蚀过程冲刷系数 k_2 计算

前面介绍"地表径流冲蚀过程"中的冲刷系数 k_2，可以利用"径流冲蚀实验"提供数据进行计算。如前文所述，降雨过程中被冲刷污染物总量随径流量增长呈指数增加（见公式（4-4））。

$$W = P_0 \times (1 - e^{-K_2 Q_t}) \qquad (4-4)$$

式中：W——被冲刷污染物总量；

P_0——降雨开始之前地表污染物累积量；

Q_t——降雨过程地表径流量；

K——冲刷系数。

W 可以通过对实验后径流桶内污水进行称重，化验 TN、TP 含量再计算而得，P_0 可以利用在降雨之前对径流池内粪污称重化验而得，Q_t 利用"降雨产流部分过程"计算而得，将实验数据代入公式（4-4），即可计算出 K_2。通过多次实验计算，将众多计算结果中偏离均值较大的异常值剔除，剩余结果取算术均值，即为 K_2 最终计算结果。

4.1.3 参数测算结果

通过"粪污堆积—挥发试验"、"径流冲蚀试验"以及对当地粪便采样的实际检测，得到机理模型所需参数结果见表 4-3。

表 4-3 研究流域参数测算结果

参数	结果	参数	结果
CN	78	单位粪污 TP 含量	22.5g/kg
λ	0.14	常温阶段 TN 衰减系数 b_1	-0.36
牲畜日排泄量	3.69Kg	低温阶段 TN 衰减系数 b_1	-0.237
粪污含水量	12.1%	常温阶段 TN 衰减系数 b_0	20.6
K_2	0.055	低温阶段 TN 衰减系数 b_0	26.8

4.2　模型计算

使用"畜禽养殖非点源污染机理模型"软件计算流域污染负荷，操作步骤如下：

第一步：设置模型参数

在软件"降雨产流过程、堆积—挥发过程、径流冲蚀过程"模块设置参数，参数取值见图4-3。

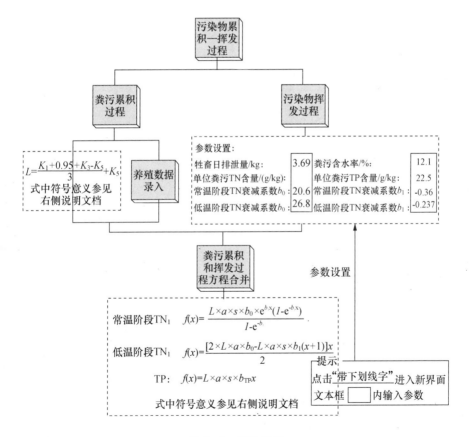

图 4-3　参数设置

第二步：加载潮白新河流域矢量数据

在软件"地理信息数据"模块加载研究流域矢量数据，并在"区域"下拉菜单选择数据中代表区域的字段。利用上方的"地图浏览"可以查看该区域详细环境。

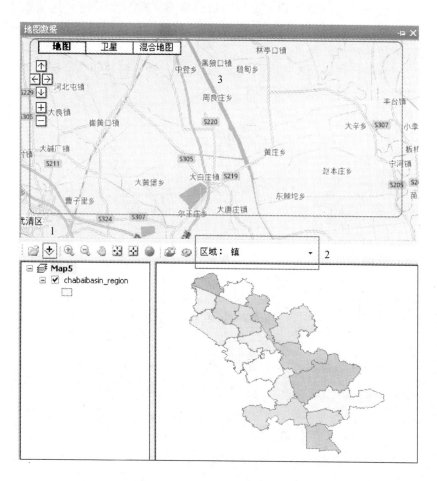

图4-4　"地理信息数据"模块

图中"1"为"数据加载"工具，"2"为"区域选择"工具，"3"为"地图浏览"。

第三步：输入养殖数据

在软件"养殖数据录入"模块，输入该区域各个村镇的养殖量。首先在顶部的"选择使用养殖数据"中，选择"地理信息数据"。之后，在数据表中输入各村镇养殖存栏量和出栏量。最后点击"计算"按钮，计算各村镇日平均养殖量。

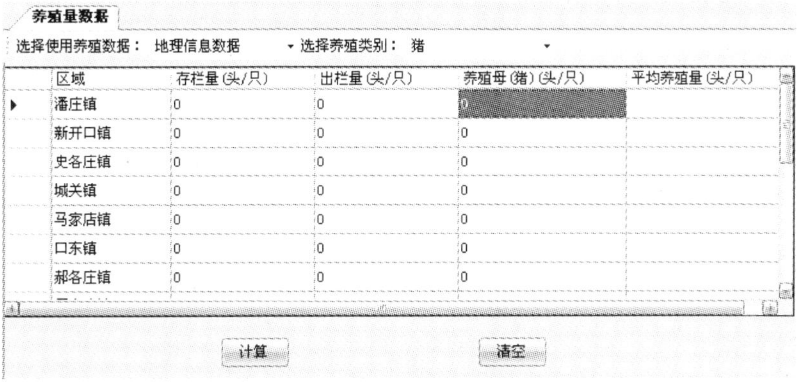

图 4 - 5　养殖数据录入

第四步：输入降雨量数据

在软件"降雨数据录入"模块，输入区域 1 年的降雨量。降雨数据来源于宁河县和宝坻区气象局。2009 年本区域共降雨 51 次，全年降雨量 642.44mm。首先，在工具栏输入降雨次数，之后点击旁边"确定"按钮生成"降雨统计表"。降雨量输入必须按照降雨时间次序输入，完成输入后点击"完成输入"按钮。

图中按钮从左至右依次为"确定"，"完成输入"，"清空"。

第五步：计算

在软件"模型计算"模块完成模型全部计算。在模块左侧控制台设置研究区域"低温阶段"时限，之后点击"计算"按钮即可完成所有计算过程。

2009 年潮白新河下游流域 TN 合计流失 922t，TP 合计流失850t。各区域计算结果见图 4 - 7、图 4 - 8。

降雨数据			
降雨次数： 51	次		
降雨次数	降雨时间-月	降雨时间-日	降雨量(mm)
第1次			
第2次			
第3次			
第4次			
第5次			
第6次			
第7次			
第8次			
第9次			
第10次			

图 4 - 6　降雨量数据输入

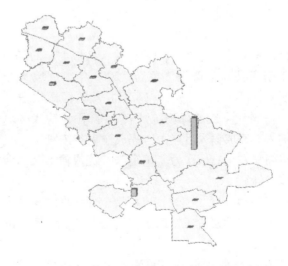

图 4 - 7　研究区域 TN 流失量柱状图

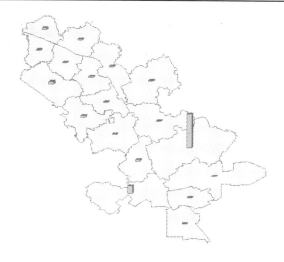

图 4 - 8 研究区域 TP 流失量柱状图

从计算结果可以看出，降雨量小于10mm 的降水过程均未造成 TN 和 TP 的流失，这可能是由于雨量过小，未形成地表径流，而未造成面源污染。东荆坨镇和潘庄镇是本流域的养殖重点区域，其污染物流失量明显高于其他镇，见图 4 - 9。

4.3 模型参数灵敏度分析

4.3.1 灵敏度分析方法

灵敏度分析的主要目的是识别模型输出结果对输入参数变化的响应特征（Salehi et al.，2000），灵敏度分析有助于确定输入值的相对重要性（Brun et al.，2001），用于评估模型对各输入参数适宜程度的需求（Wotawa et al.，1997）。模型灵敏度分析就是指评估模型每一个参数的相对重要性。灵敏度分析是一个必要的建模工具，因为它能够让模型使用者了解每个参数的重要性以及输入数据误差对于计算输出的影响。

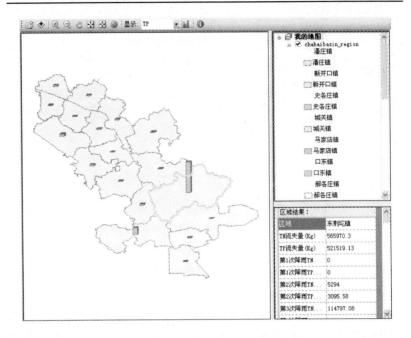

图 4-9　东荆坨镇污染流失查询

对于大多数较为复杂的模型而言，利用简单的"因子扰动"（factor perturbation）方法并不适合。因子扰动法是对因子在其取值范围内增加一个变量，求变量与模型结果变化之间的比值确定因子的敏感度。因子扰动方法每次针对一个参数开展分析，最后综合多个参数各自分析的结果。这种方法一般是在一组特定参数值的基础上进行的。显然，这种方法没有考虑参数之间的相关性。

多参数灵敏度分析（Multi-Parameter Sensitivity Analysis，MP-SA）则是模拟同时变化所有参数的取值，综合考虑多次（如 N 次）模型运行结果同时给出每个参数的灵敏度。而且，灵敏度的度量不是对比输出变量变化值与参数变化值，而是根据定义的目标函数值（例如误差平方和），通过给定的指标对 N 次模拟的目标函数值进行分类，然后计算两组的累积频率，据此对每个参数的灵敏度作出判断。其技术流程如下：

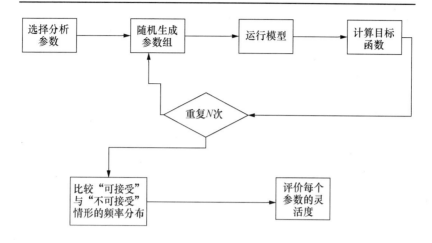

图 4 - 10 多参数灵敏度分析技术流程

多参数灵敏度分析（MPSA）包括以下步骤：

（1）选择试验参数；（2）根据野外和室内实验测量值，设置每个参数的取值范围；（3）对于每个选取的参数，生成一个序列，如在取值范围内生成 N 个均匀分布的独立随机数；（4）应用生成的 N 个随机数运行模型，并计算相应的目标函数值；（5）将目标函数值与给定的指标（R）进行比较，确定 N 个参数值中，哪些是"可接受的"，哪些是"不可接受的"；（6）评价参数灵敏度：对每个参数，比较"可接受的"与"不可接受的"两组参数值的分布情况（计算累积频率，绘制累积频率曲线图），如果两种分布形式相同，则表明该参数不敏感，反之，则该参数较敏感。两条累积频率曲线分离的程度代表了参数的灵敏度，"目标函数值"采用模拟值与实测值误差平方表示。

"实测值"通常是用每个参数取值范围的中值代入模型进行模拟得到，而不是通常意义上的实际观测值。每个参数的取值范围（最小值和最大值）是由参数估计和对研究区域进行野外测量确定的。如果模拟的目标函数值小于"主观指标"，该结果被认为是"可接受的"；否则，该结果被认为是"不可接受的"。三种不同的目标函数值通常用作"主观指标"：就是取模拟得到的 N 个目标函数值排序后的 33% 、50% 和 66% 分位点的目标函数值作为"主观指标"。

4.3.2 机理模型参数灵敏度分析

（1）确定参数取值范围

机理模型共有 10 个参数：用以描述降雨—径流关系的经验性参数 C_n；土壤初损量与潜在入渗量的比值 λ；畜禽日排泄量 A；粪便含水率 S；单位质量干基粪污 TP 含量 b_{TP}；常温阶段 TN 挥发衰减参数 1——常温 b_0；常温阶段 TN 挥发衰减参数 2——常温 b_1；低温阶段 TN 挥发衰减参数 1——低温 b_0；低温阶段 TN 挥发衰减参数 2——低温 b_1；冲刷系数 K_2。各项因子取值范围见表 4-4：

表 4-4　机理模型参数取值范围

参数	上限	下限
C_n	99	24
λ	0.5	0.1
A	7	1
S	80	20
b_{TP}	100	10
常温 b_0	100	10
常温 b_1	0	−1
低温 b_0	100	10
低温 b_1	0	−1
K_2	1	0.001

（2）生成随机数列

10 项因子分别生成取值范围内 5 000 个随机数列，使用 Excel 函数生成随机数列，函数公式为" $Rand()\times$（上限 - 下限）+ 下限"。

（3）计算目标函数

将随机数列进行排序，并代入模型计算模拟值。取每一个因子

取值范围的中值代入模型，得到实测值。将 5 000 个模拟值分别与
实测值计算误差平方，得到目标函数序列。

（4）判断参数灵敏度"可接受"与"不可接受"

取目标函数 50% 点为主观指标，判断目标函数是否大于主观指
标，大于为"可接受"，赋值 1；小于为"不可接受"，赋值 -1。
Excel 判断函数为 "if(目标函数 > 主观指标,1, -1)"。

（5）计算累积频率，绘制累积频率曲线

分别计算"可接受"情况和"不可接受"情况的累积频率，并
绘制累积频率曲线。Excel 累积频率计算函数为 "$countif$(\$ a \$ 1：
a_n," > 0")"，$countif$(\$ a \$ 1：a_n," < 0")。累积频率曲线见图
4 - 11：

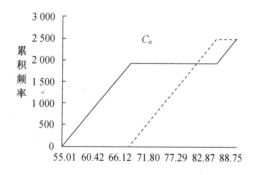

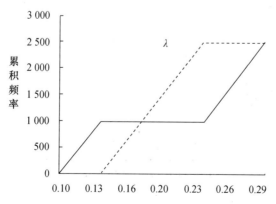

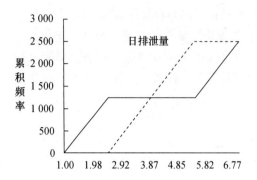

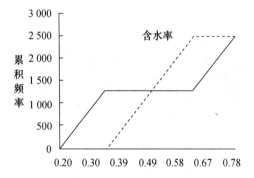

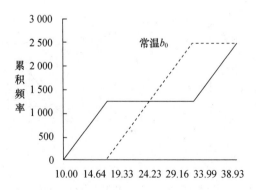

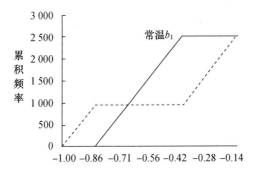

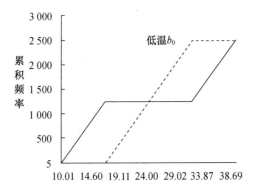

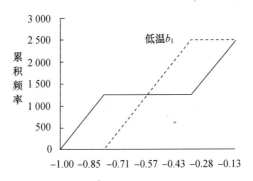

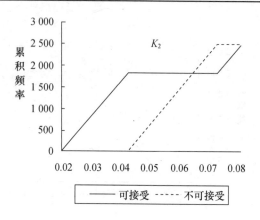

图 4 - 11   累积频率曲线

（6）参数灵敏度分析结果

"可接受"曲线与"不可接受"曲线分离越大，表明参数的灵敏度越高。从累积曲线图结果可以看出，9 个参数都属于灵敏度较高的参数（本次分析为 TN 计算过程灵敏度分析，参数 b_{TP} 并不应用在计算过程中，故灵敏度比较中忽略参数 b_{TP}）。

具体分析每个参数两条曲线的分离程度，得到 9 个参数的灵敏度排序为：C_n > K_2 > 常温 b_1 > λ > S > 低温 b_0 > 常温 b_0 > 低温 b_1 = A。

分析过程如下：

9 个参数曲线均形如同图 4 - 12 所示，两条曲线围成两个平行四边形，曲线间的离散程度完全可以通过两个四边形面积和的大小来比较。设左下四边形顶点坐标为（x_1，y_1），右上四边形顶点坐标为（x_2，y_2）。

两个四边形的面积和（S）可以表示为：

$$S = x_1 \times y_1 + x_2 \times y_2$$

通过测量发现，两条曲线起始角度皆为 45°，两个四边形的高和底相等，即为 $x_1 = y_1$，$x_2 = y_2$。

两个四边形的面积和（S）可以表示为：

$$S = x_1^2 + x_2^2$$

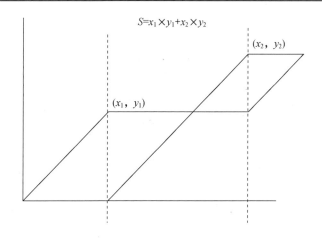

图4-12 累积频率曲线范例

因为随机试验共生成 5 000 个随机数,所以图 4-11 中横坐标最大值为 5 000。

$$x_2 = \frac{5\ 000 - 2x_1}{2}$$

而两个四边形的面积和(S)可以表示为:

$$S = x_1{}^2 + (\frac{5\ 000 - 2x_1}{2})^2 \qquad (4-5)$$

将公式(4-5)进一步推导计算得到公式(4-6):

$$S = 2x_1{}^2 - 5\ 000x_1 + 6\ 250\ 000 \qquad (4-6)$$

由公式(4-6)可知,四边形面积和为二项式曲线纵坐标(图4-13),曲线的拐点为(125,125 000)。四边形面积和 S 在 $x_1 = 1\ 250$ 时为最小值 12 500 000,S 值随 $x_1 = 1\ 250$ 向两侧变化而逐渐增大。

由此可知,判断每个参数的 x_1 大小即可判断四边形面积和 S 大小,即可推断灵敏度差异。参数的 x_1 值分别为 C_n:1 929、λ:995、A:1 243、S:1 277、常温 b_0:1 242、常温 b_1:933、低温 b_0:1 241、低温 b_1:1 243、K_2:1 837。参数的灵敏度排序为:$C_n > K_2 >$ 常温 $b_1 > \lambda > S >$ 低温 $b_0 >$ 常温 $b_0 >$ 低温 $b_1 = A$。

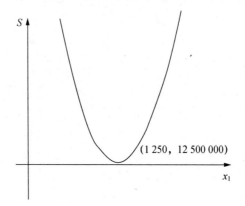

图 4 – 13　二项式曲线

第5章 潮白新河下游流域畜禽养殖非点源污染敏感区分析

畜禽养殖非点源污染的入河贡献量更多地受到水文、地形、土地利用等众多下垫面因素影响。这些因素通过地表污染物的淋溶效率影响污染物对环境的贡献率，造成非点源污染地域差异性显著。在第4章中，我们将易于形成面源污染景观单元定义为非点源污染敏感区域。对非点源污染敏感区域的管理采用更为严格的污染治理方法，区别于一般区域，不仅可以节省大量的人力、物力，污染治理也可以得到更优的效果。

5.1 地理信息数据库建立

在进行敏感区划分之前，首先要建立研究流域相关地理信息数据库。将敏感区分析所需地理数据导入数据库中，便于分析过程中直接调用。同时，通过建立流域地理信息数据库也便于将所有的地理信息数据统一坐标投影和输出分辨率。

本次数据库搭建采用 Geodatabase 数据库技术。Geodatabase 是一种采用标准关系数据库技术来表现地理信息的数据模型。Geodatabase 支持在标准的数据库管理系统（DBMS）表中存储和管理地理信息。目前有两种 Geodatabase 结构：个人 Geodatabase 和多用户 Geodatabase（multiuser geodatabase）。对于小型的 GIS 项目和工作组来说，个人 Geodatabase 是非常理想的工具。本次采用个人型，个人 Geodatabase 对于 ArcGIS 用户是免费的，它使用 Microsoft Jet Engine

数据文件结构，将 GIS 数据存储在小型数据库中。个人 Geodatabase 更像基于文件的工作空间，数据库存储量最大为 2GB。个人 Geodatabase 使用微软的 Access 数据库来存储属性表。

潮白新河流域地理数据库中主要包括：研究区域高分辨率遥感影像、流域行政区划图、流域 DEM 影像、土地利用类型图、土壤利用类型图、NDVI 指数图、潮白新河及其支流河网分布图等。其中本次所用遥感影像为 2006 年 TM 遥感影像，土地利用分类图通过对 TM 影像进行监督分类而得，NDVI 指数图也是基于 TM 影像计算而得，流域河网分布信息通过对流域行政区划图进行屏幕数字化得到。DEM 数据从 SRTM 数据中获取。由于 SRTM 数据为 ASCII 格式，在入库之前，要将其文件格式转换为栅格模型格式。综合考虑数据库中遥感影像较多以及涉及面积计算等问题，所以利用几何校正的方法将数据库中所有数据统一为 WGS84 坐标系，等积圆锥投影 Albers，单位 m。

5.2 敏感区划分

研究采用改进 USLE 模型划分潮白新河下游流域敏感区。USLE 模型是美国用于估算降雨和地表径流对土地溅蚀、片蚀、侵蚀过程中土壤流失量的一个数字模型。敏感区划分即通过计算区域内土壤侵蚀的差异性，分析区域内部污染流失敏感程度。USLE 通用方程如下：

$$A = R \times K \times LS \times C \times P \qquad (5-1)$$

式中，A 为土壤侵蚀率；R 为降水和地表径流侵蚀力因子；K 为土壤质地因子；LS 为地形起伏度因子；C 为地表植被覆盖因子；P 为土地利用措施因子。

5.2.1 降雨和地表径流因子

前文介绍降雨和地表径流因子的计算原理，即利用衰减模型模拟地物距河道距离而产生的敏感度差异，并综合考虑各级河道交错叠置对污染物扩散的后果。具体在 Desktop9.2 软件平台上技术实现过程如下：

（1）河道矢量化

在 ArcMap 平台下，对流域内的河流进行矢量化工作，每条河流为一个矢量图层。

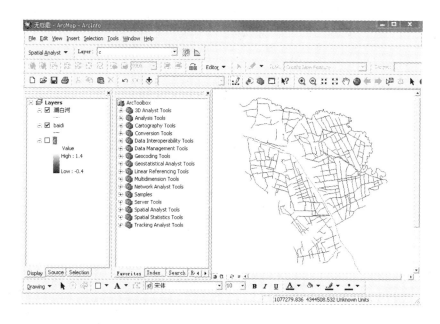

图 5-1　ArcMap 平台下矢量化

（2）分析环境设置

由于 ArcGIS 中空间分析（Spatial Analyst）模块中，许多计算功能（如栅格计算器）只能把计算结果存储到默认存储位置，无法存储到指定硬盘位置，所以在使用栅格计算器工具之前必须首先设置分析环境。在 Spatial Analyst 模块中 Option 工具中 Genenral 选项卡下，在 Working 栏中指定存放路径，在 Analysis mask 栏中选择流域的研究范围。

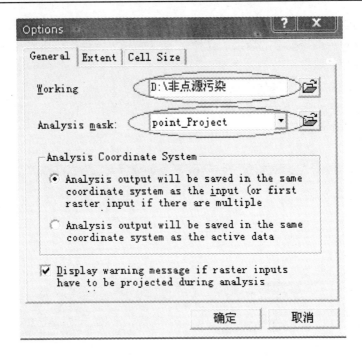

图 5 - 2 分析环境设置

（3）距离制图

距离制图（Distance）即根据每一栅格相距其最邻近要素的距离来进行分析制图，从而反映出每一栅格与其最邻近源的相互关系。ArcGIS 中的距离制图包括了四个部分：直线距离函数（Straight Line）、分配函数（Allocation）、成本距离加权函数（Cost Weighted）、最短路径函数（Shortest Path），可以很好地实现常用的距离制图分析。

利用 ArcGIS 中 Spatial Analyst 模块中直线距离函数（Straight Line）工具，对每条河流进行距离制图，即计算流域内每个删格点距河流的距离。空间分辨率设置尽量与模型中遥感底图统一。

（4）计算衰减模型

利用 ArcGIS 中栅格计算器工具，以距离制图为自变量计算 Sivertun 的衰减模型。在栅格计算器中输入公式"result = = 0.6 /

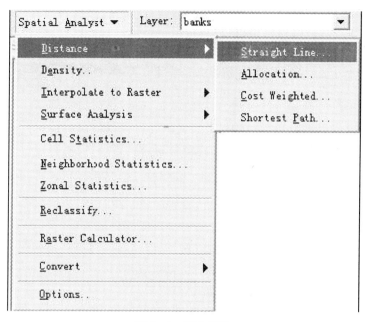

图 5 - 3　距离制图

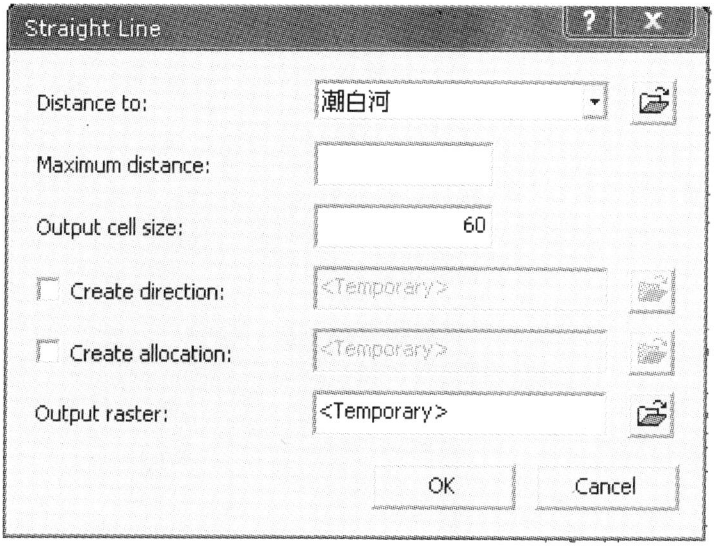

图 5 - 4　直线距离函数工具

Exp（[c]×0.002）－0.4"，式中"c"为距离自变量"result"为衰减模型计算结果。

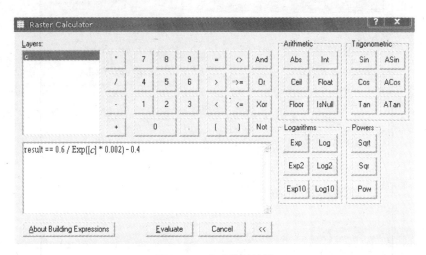

图 5－5　衰减模型计算

（5）最后再利用栅格计算器，将所有河流的计算结果按等级赋不同权重，进行相加叠加，得到 R 因子计算结果。

5.2.2　土壤质地因子

土壤质地因子（K）反映了土壤质地对污染物流失的影响，是一项评价污染物在不同土壤上被流水侵蚀、分离、搬运难易程度差别和搬运过程中下渗沉积差别的内营力指标。前文介绍了采用 EPIC 模型计算土壤类型因子 K 值（见表 5－1）。

表 5－1　常见土壤类型质地因子表

土壤类型	土壤质地因子（K）
普通潮土	2.628
盐化潮土	2.243
盐化潮湿土	2.914
水稻土	3.264
湿地	1.52

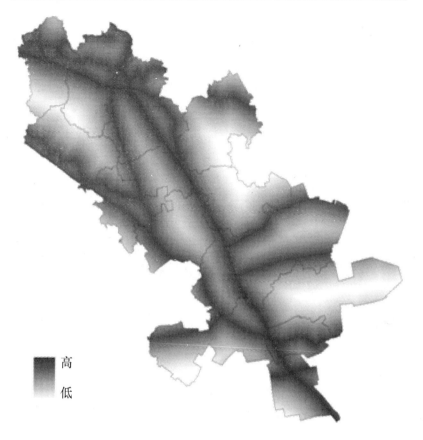

图 5-6　R 因子计算结果

K 因子计算技术过程如下：

（1）对研究区域的土壤类型进行矢量化，区分土壤质地差别。

（2）根据土壤普查资料，获得研究区的土壤类型和各种土壤的机械组成、粒级含量和有机质含量，利用 EPIC 模型计算各种土壤质地 K 因子值。

（3）将 K 因子值写入土壤矢量图层字段，以此值为 Value，再利用 ArcGIS 中 Spatial Analyst 模块中 Feather to Raster 工具将矢量图层转为栅格图层。

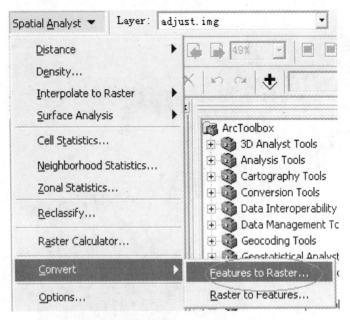

图 5 - 7　**Feather to Raster 工具**

5.2.3　地表植被覆盖因子

地表植被覆盖因子 C 也称生物学因子，它反映植物覆盖和作物栽培措施对防止污染物流失的效果。为了简化模型，在本次模型计算中采用归一化植被指数（NDVI），估算植被覆盖因子。根据蔡崇法在《中国的土壤侵蚀因子定量评价研究》中经验公式（5），利用NDVI 指数 I_c 计算地表植被覆盖因子 C。

$$\begin{cases} C = 1 & I_c = 0 \\ C = 0.680\ 5 - 0.343\ 6 \lg I_c & 0 < I_c < 78.3 \\ C = 0 & I_c > 78.3 \end{cases} \quad (5-2)$$

因为公式（5-2）将自变量分为 3 个区段分别运算，所以首先要将 NDVI 数据按三个区段分值提取。可以使用 ArcGIS 中公式编辑器工具进行提取，公式为 "$A = I_c > 78.3$"，式中 I_c 为 NDVI 图层，A 为结果图层。

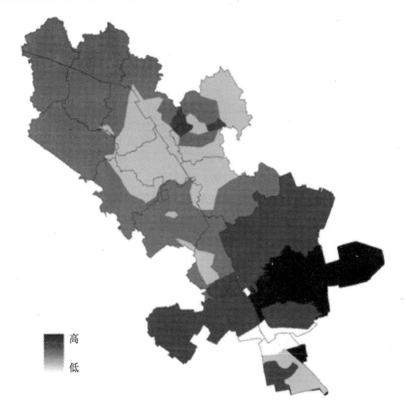

图 5 - 8　K 因子计算结果

5.2.4　土地利用措施因子

土地利用措施因子（P）即考虑由于地表的农业种植物不同或覆盖物不同造成污染物流失和搬运强度上的差异。土地利用措施因子（P）计算技术过程如下：

（1）运用 Erdas - Classes 模块中非监督分类工具，对研究区域进行初步分类。目视判读遥感图和初步分类结果。

（2）在研究区域内随机设置解译训练区，训练区平均分布在研究区域内，尽量覆盖所有用地类型。对训练区进行实地考察，并坐

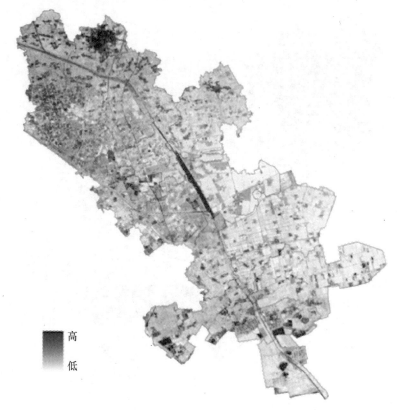

高

低

图 5 – 9 C 因子计算结果

标定位,确定训练区的土地利用类型。

(3) 依据训练区的土地类型,进行监督分类。

(4) 为了去除监督分类产生的细碎斑块,对分类结果进行后处理操作,运用 Erdas 中 Clump、Sieve、eliminate 等工具去除分类碎块,设置分类允许最小斑块为 12 像素。

(5) 利用 ArcGIS 重分类工具,将 P 因子计算结果写入栅格图像 Value 值。P 因子取值见前文章节。

(6) 为了修正分类产生的误差,将栅格分类图像转为矢量图像,对图像中的错误进行手动修改,将最终修改结果转为 GRID 栅格格式。

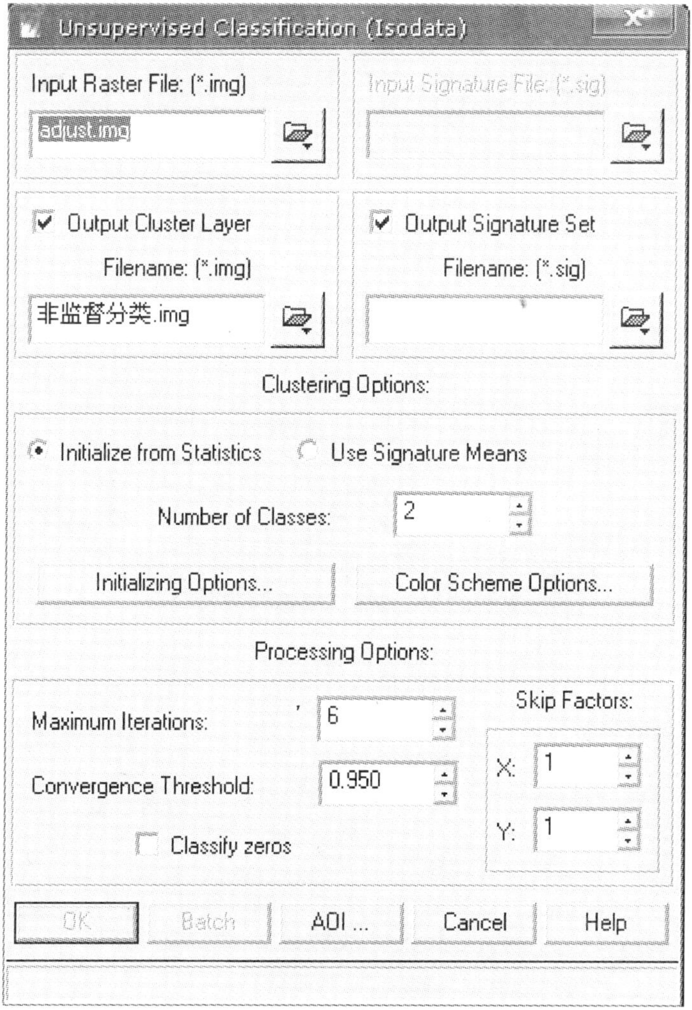
Unsupervised Classification (Isodata)
Input Raster File: (*.img)
adjust.img
Input Signature File: (*.sig)
Output Cluster Layer
Filename: (*.img)
非监督分类.img
Output Signature Set
Filename: (*.sig)
Clustering Options:
Initialize from Statistics
Use Signature Means
Number of Classes:
2
Initializing Options...
Color Scheme Options...
Processing Options:
Maximum Iterations:
6
Skip Factors:
X:
1
Convergence Threshold:
0.950
Y:
1
Classify zeros
OK
Batch
AOI ...
Cancel
Help

图 5－10　非监督分类

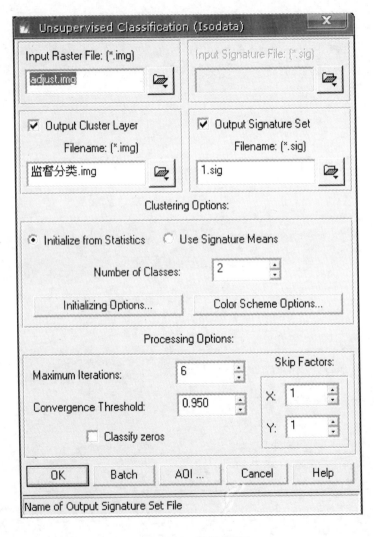

图 5 – 11　监督分类

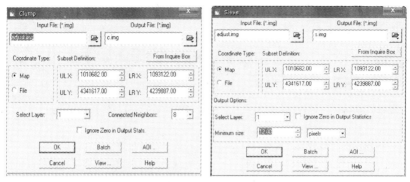

图 5 - 12 聚类统计、过滤分析、去除分析工具

5.2.5 地形起伏度因子

地形起伏度因子 LS 反映了地形地貌特征对污染物流失、搬运过程的影响。通常将地形坡度因子 L 和坡长因子 S 共同考虑，结合为 LS 地形起伏度因子。地形起伏度因子计算过程如下：

（1）运用 ArcGIS 水文模块，对原始 DEM 进行填挖处理，生成无洼地 DEM。此操作过程相对复杂，本书不在这里做详细介绍，详细过程可以参见汤国安所著《ARCGIS 地理信息系统空间分析实验教程》中第十一章水文分析。

（2）运用 ArcGIS 中 Spatial Analyst 模块中 Slop 工具，提取无洼地 DEM 的坡度。

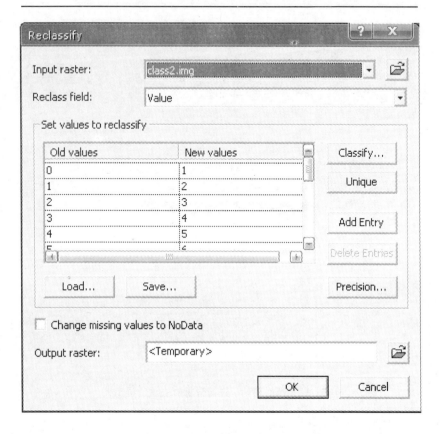

图 5 - 13　重分类

（3）运用 ArcGIS 水文模块中 Flow Direction 工具计算无洼地 DEM 的水流方向。运用 Flow Accumulation 工具，通过水流方向计算流域汇流累积量。

（4）运用 ArcGIS 栅格计算器提取汇流累积量数据中值为 0 的部分，初步生成流域坡脊数据。由于初步生成的数据表面参差，不规则，对其进行邻域处理，以 3×3 矩形求均值，使数据平滑。

（5）通过对坡脊数据进行分值渲染，使数值差异明显，在此基础上对坡脊进行数字化。

（6）对数字化得到的图层进行距离制图，得到流域坡长图。

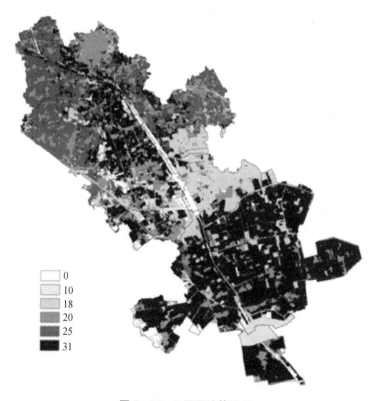

图 5 – 14　矢量转栅格

0
10
18
20
25
31

图 5 – 15　P 因子计算结果

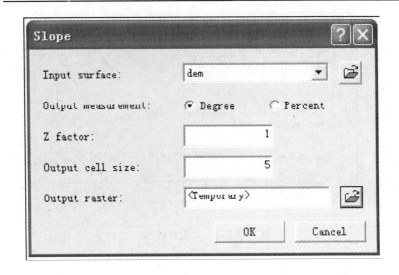

图 5 - 16　坡度工具

(7) 按照坡度角 S 在 [+ ∞ , 5%), [3% , 5%), [1% , 3%), [1% , - ∞] 四个部分，将坡度图和坡长图提取为 4 部分，分别利用前面介绍的 Mitasova 的研究公式 (2 - 9) 进行运算，将结果通过 Erdas 中 Mosac 模块进行拼接，得到地形起伏度因子图。

5.2.6　USLE 模型计算结果

将以上 5 个因子数据图层统一为 Grid 格式，按照模型进行相乘叠置，获得模型计算结果。结果反映了研究流域下垫面因素对畜禽养殖非点源污染入河率的影响程度，模型结果分值较高的地区受污染敏感程度高。

根据 USLE 模型对畜禽敏感程度的分析结果，将研究区域划分为四个部分：低风险区（计算结果小于流域结果均值的区域），中风险区（计算结果在流域结果平均值与一倍标准差之间），中高风险区（计算结果在流域结果一倍标准差与两倍标准差之间），高风险区（计算结果在流域结果两倍标准差以上），划分结果见图 5 - 21。

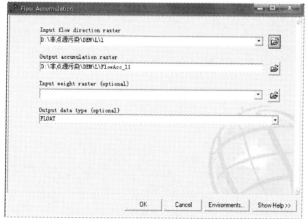

图 5-17　流体方向和流体积累工具

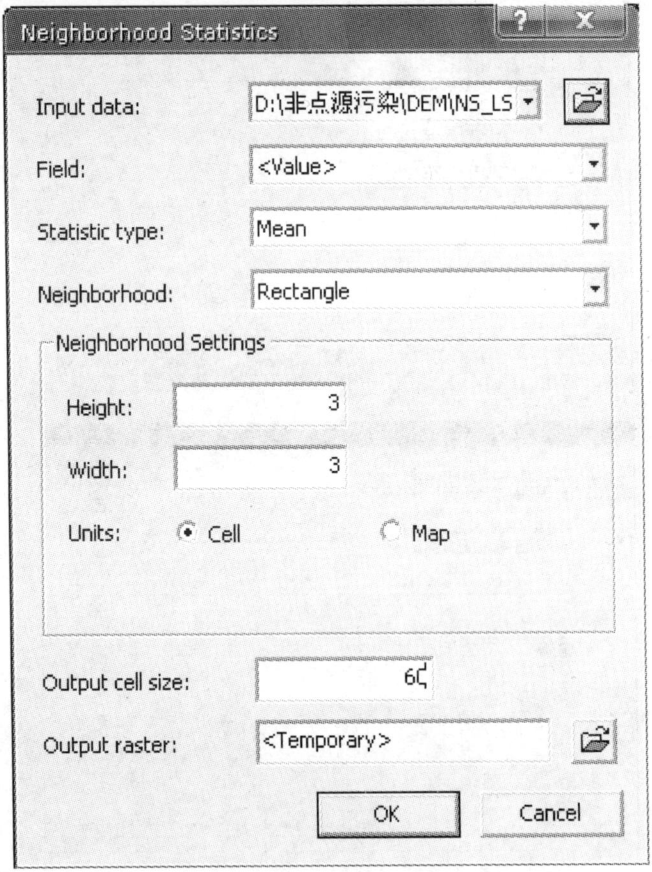
Neighborhood Statistics
Input data:
D:\非点源污染\DEM\NS_LS
Field:
<Value>
Statistic type:
Mean
Neighborhood:
Rectangle
Neighborhood Settings
Height:
3
Width:
3
Units:
Cell
Map
Output cell size:
60
Output raster:
<Temporary>
OK
Cancel

图 5－18　邻域分析

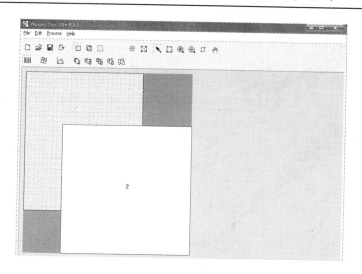

图 5 - 19　Mosac 模块进行拼接

图 5 - 20　LS 因子计算结果

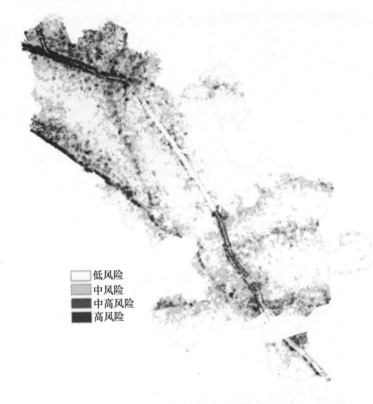

图 5 – 21　畜禽非点源污染敏感区示意图

5.3　参数灵敏度分析

5.3.1　灵敏度分析模型

USLE 模型的参数灵敏度分析也采用多参数灵敏度分析（Multi – Parameter Sensitivity Analysis，MPSA）方法，模拟同时变化所有参数的取值，综合考虑多次（如 N 次）模型运行结果，同时给出每个参数的灵敏度。根据定义的目标函数值（例如误差平方和），通过给

定的指标对 N 次模拟的目标函数值进行分类，然后计算两组的累积频率，据此对每个参数的灵敏度作出判断。其步骤为：

（1）选择试验参数；（2）根据野外和室内实验测量值，设置每个参数的取值范围；（3）对于每个选取的参数，生成一个序列，如在取值范围内生成 N 个均匀分布的独立随机数；（4）应用生成的 N 个随机数运行模型，并计算相应的目标函数值；（5）将目标函数值与给定的指标（R）进行比较，确定 N 个参数值中，哪些是"可接受的"，哪些是"不可接受的"；（6）评价参数灵敏度：对每个参数，比较"可接受的"与"不可接受的"两组参数值的分布情况（计算累积频率，绘制累积频率曲线图），如果两种分布形式相同，则表明该参数不敏感，反之，则该参数较敏感。两条累积频率曲线分离的程度代表了参数的灵敏度，"目标函数值"采用模拟值与实测值误差平方表示。

5.3.2　USLE 模型各参数灵敏度分析

（1）确定参数取值范围

USLE 模型共有 5 个参数：降水和地表径流侵蚀力因子 R；土壤质地因子 K；地形起伏度因子 LS；地表植被覆盖因子 C；土地利用措施因子 P。5 项因子取值范围见表 5 - 2。

表 5 - 2　USLE 模型参数取值范围

因子	取值上限	取值下限
R	2.724 73	11.817 6
K	1.52	3.264
C	0.421 277	3.921 41
P	0	0.35
LS	0.419 875	4.952 61

（2）生成随机数列

5 项因子分别生成取值范围内 5 000 个随机数列，使用 Excel 函数生成随机数列，函数公式为"$Rand$（）×（上限－下限）＋下限"。

（3）计算目标函数

将随机数列进行排序，并代入模型计算模拟值。取每一个因子取值范围的中值代入模型，得到实测值。将5 000个模拟值分别与实测值计算误差平方，得到目标函数序列。

（4）判断参数灵敏度"可接受"与"不可接受"

取目标函数50%点为主观指标，判断目标函数是否大于主观指标，大于为"可接受"，赋值1；小于为"不可接受"，赋值－1。Excel判断函数为"if（目标函数＞主观指标，1，－1）"。

（5）计算累积频率，绘制累积频率曲线

分别计算"可接受"情况和"不可接受"情况的累积频率，并绘制累积频率曲线。Excel累积频率计算函数为"$countif$（\$ a \$ 1：a_n，" ＞0"）"，$countif$（\$ a \$ 1：a_n，" ＜0"）。累积频率曲线见图5－22：

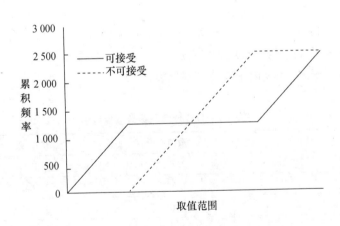

图5－22　参数累积频率

（6）灵敏度分析结果

5个参数累积频率图像一致，说明5个参数每一个参数变化，造成对模型结果的影响是相同的。这是因为 USLE 模型为 5 个参数相乘，参数间无等级和权重之间的差异，所以每一个参数变化对结果的影响是相同的，以上分析验证了这一点。但是从参数的变化范围来看，每种参数的取值范围具有明显差异，取值范围大的参数使模型结果最大值与最小值之间差距拉大，对模型结果的影响明显大于取值范围小的参数。因此，USLE 模型参数灵敏度排序为：

R 因子 $>LS$ 因子 $>C$ 因子 $>K$ 因子 $>P$ 因子

第6章 潮白新河下游流域畜禽养殖区划

6.1 畜禽养殖区划内涵和目的

畜禽养殖区划是指对某一特定区域按照自然条件和污染现状分为禁止养殖区、限制养殖区、发展养殖区等不同区域，并对各种区域制定相应发展政策和提供技术支撑。

研究示例以潮白新河下游流域为研究范围，包括天津市宝坻区、宁河县2个区县，总面积达1519 km^2。在这样一个较大的研究流域内，采用单一的畜禽污染治理措施不能做到针对性治理，并且治理效率低。根据本流域的自然条件和养殖情况，将整个流域分为若干不同类型的养殖区域，并制定不同的管理模式和治理方案，可以有效地提高治理效率，达到最佳的规划效果。

6.2 畜禽养殖区划编制原则

（1）因地制宜、效率优先原则

养殖区划分是因地制宜原则的集中体现。将养殖流域分为若干不同类型的养殖区域并分区治理可以使治理过程更具有针对性，同时提高整体的治理效率，节约成本，达到最小投入成本下最佳的治理效果。

（2）科学性、完整性原则

养殖区域划分以 USLE 模型敏感区研究为基础，并结合相关保护区规划。在处理技术选用方面，以国家现已颁布的有关畜禽养殖行业环境管理的标准、规范为基础，通过参考大量国内外相关的行业污染治理技术资料和工程实例，结合本流域特点，将适合研究流域情况和技术水平且经大量工程实践证明的经济、可靠、成熟的处理工艺和管理经验列入区划的内容。同时在技术时效性方面，以当前行业污染现状、科技发展水平和经济发展状况为基础，条款规定的技术要求尽量与我国现有的技术水平相一致，避免起点过低。

在内容的安排上，本区划从养殖区划分为基础，提出了针对不同类型分区的治理措施，并针对不同治理措施规范了相关技术要求。养殖区划内容力求完整，体现从分区到管理到具体设施工艺的全过程管理，体现了整个管理流程的科学性、系统性和完整性。

（3）以分散养殖户为管理重点

本研究调查部分结果表明：分散型养殖户是本流域的排污重点，也是治理的难点。养殖区划的编制从散养户管理角度出发，更贴合本地面源污染的特点。

（4）可操作性原则

养殖区划通常以养殖单元为管理对象，在措施实施过程缺乏可操作性。常规的养殖区划多以沿河几百米为范围选取养殖户为管理对象。对于散养户而言缺乏约束力，也不容易辨别养殖户所属的养殖区类别。本区划以行政村为基本管理单元，便于区划的实施操作。

（5）保证农民利益原则

农民是我国社会最广大的弱势群体，我国的各项畜禽管理法律法规支持农户经营小规模养殖改善个人收入。因此，虽然分散型养殖户为本流域重点面源污染重点，但是在管理措施制定过程中，区划尽量保证散养农民的利益，保证与我国发展政策相协调统一。

6.3 畜禽养殖区划分技术过程

研究养殖区划以敏感区分析为主要依据，并结合相关的管理规划，将流域分为禁养区、一级限养区、二级限养区、三级限养区、四种类型养殖区域，具体技术流程详见下图：

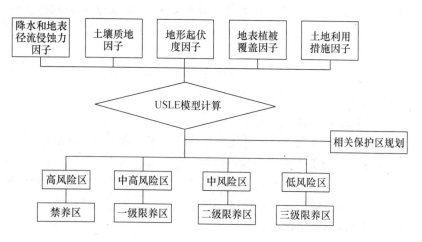

图 6-1 畜禽养殖区划分技术流程

详细技术流程说明：

（1）敏感区分析将研究流域分为高风险、中高风险、中风险、低风险。

（2）高风险区对应为养殖区划禁养区、中高风险区对应一级限养区、中风险区对应二级限养区、低风险区对应三级限养区。

（3）天津七里海古海岸与湿地国家自然保护区（以下简称保护区）中的缓冲区核心区划分为禁养区，实验区划分为一级限养区。

（4）考虑到禁养区内农户在搬迁、经济调整等方面的困难，将敏感区研究中高风险区面积缩小后设定为禁养区。

6.4　畜禽养殖区划分及其管理措施

6.4.1　养殖分区

（一）禁养区

（1）禁养区 1：大刘辛村至津蓟高速桥潮白新河河段沿岸 600m 地带。此区域为整个研究流域的上游河段，地势起伏大。多条支流汇入，环境敏感度高。

（2）禁养区 2：引泃入潮河段沿岸 300m 地带。此区域内引泃入潮和窝头河汇入潮白新河干流，水量较大，由于邻近干流和多条支流，敏感程度高。此外，区域地形起伏也相对较大，也加大面源污染的敏感性。

（3）禁养区 3：青龙湾河沿岸 300m 狭长地带，此区域邻近多条潮白新河支流（青龙湾、绣针河、引滦明渠），河网密集，地形起伏较大，植被覆盖度不高，面源污染敏感性高。

（4）禁养区 4：潮白新河津蓟高速桥至入海河口河段，沿岸 200m 地带。

（5）禁养区 5：七里海湿地保护区缓冲区和核心区。

（二）一级限养区

（1）一级限养区 1：宝坻北部窝头河、百里河流域附近广阔地区。禁养区 1 北部，此区域河流众多，河网交集；地形起伏较大，畜禽非点源污染敏感性较高。

（2）一级限养区 2：绣针河流域广阔地区。禁养区 3 北部，此区域由禁养区 3 辐射影响，污染敏感性较高。

（3）一级限养区 3：潮白新河干流宁河段沿岸 200～500m 狭长地带。一级限养区 3 包裹禁养区 4，是禁养区 4 外延 300m。本区域距离潮白新河主河道偏远，是禁养区的外延，故将本区域定为一级限养区。

（4）一级限养区4：七里海湿地保护区实验区。

（三）二级限养区

（1）二级限养区1：高风险区1南部2 000m带状地区。地形、土壤、土地利用等条件与潮白新河北岸类似，但由于此潮白河段南岸没有大的支流汇入，水系稀疏，所以敏感度低于北岸。

（2）二级限养区2：引滦明渠沿岸地区。

（3）二级限养区3：津蓟高速至周良庄潮白新河河段，由于地势平坦，汇入支流较少，所以敏感度低于上游河。

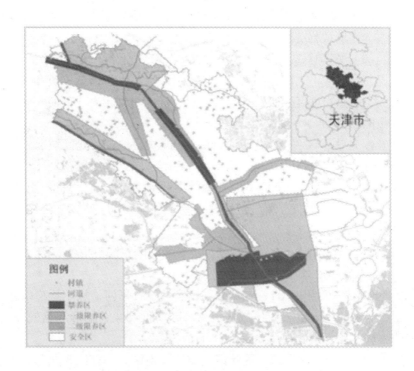

图6-2　潮白新河下游畜禽养殖区划分

（4）二级限养区4：西关引河沿岸地带，用地类型多为水田，容易形成地表径流造成面源污染。土壤类型为盐化潮湿土，质地较重，不易于污染物滞留下渗，敏感度偏高。

（5）二级限养区5：清污渠、青龙湾故道交汇地区，此地区青龙湾故道、清污渠、潮白新河等多条河流交汇，河网密集，敏感度偏高。

（四）三级限养区

流域内除禁养区、一级限养区、二级限养区以外地区，均为三级限养区。

6.4.2 管理措施

潮白新河下游流域畜禽养殖区管理措施实施，以2007年为基准年，近期目标年为2010年，远期目标年为2020年。管理措施中涉及的污染治理工艺，不是本书的研究重点，详情可参见附录。

（一）近期目标年管理措施

（1）禁养区：2010年完成对禁养区30%规模化养殖企业进行搬迁。完成禁养区散养户示范工程推广（小型沼气池和堆粪池工程）。

（2）一级限养区：以村为单位修建各村养殖小区。2010年完成一级限养区内所有村落养殖小区选址、养殖厂棚搭建工作，村内30%散养户搬迁至养殖小区内。

（3）二级限养区：推广30%散养户完成示范工程。

（4）三级限养区：推广30%散养户完成示范工程。

（二）远期目标年管理措施

（1）禁养区：2020年完成对禁养区所有规模化养殖企业进行搬迁。

（2）一级限养区：一级限养区规模化养殖厂和所有新建养殖小区完成规模化示范工程一推广（详见附录），村内所有散养户搬迁至养殖小区内。

（3）二级限养区：所有散养户完成示范工程推广。推广并验收规模化养殖企业示范工程一。

（4）三级限养区：所有散养户完成示范工程推广。推广并验收规模化养殖企业示范工程二。

表6-1 养殖区划管理措施

养殖区类型	养殖企业和养殖小区		分散养型殖户	
	近期目标	远期目标	近期目标	远期目标
禁养区	30%搬迁	完成搬迁	完成散养户示范工程推广	—
一级限养区	—	推广规模养殖示范工程1	建设养殖小区，完成散养户30%搬迁	完成所有散养户到养殖小区搬迁
二级限养区	—	推广规模养殖示范工程1	推广30%散养户示范工程	完成散养户示范工程推广
三级限养区	—	推广规模养殖示范工程2	推广30%散养户示范工程	完成散养户示范工程推广

附　录

　　我国养殖类型多样，单独的粪便处理工艺明显无法满足各种养殖类型的需求。为配合养殖区分类治理、满足不同养殖户的技术需求，本章总结概括 3 种粪便处理工艺技术，分别针对性地应用于 3 种不同的养殖环境和养殖类型，所提出的处理工艺尽力做到适用的广泛性，并因地制宜。其中"规模化养殖粪便处理工艺一"适用于大型集约化养殖并且周围环境敏感性较高，无充足土地消纳畜禽粪便的地区；"规模化养殖粪便处理工艺二"适用于大型养殖场并且周围有充足土地消纳畜禽粪便的地区；"散养户粪污处理工艺"适用于分散型养殖单元。

一、规模化养殖场粪便处理技术工艺一

　　（一）工艺概况

　　该工艺模式主要是针对具有一定环境敏感度，且周边无闲暇空地，沼液和沼渣无法完全进行土地消纳或存在消纳风险的地区。工艺中厌氧反应池产生的沼液必须再经过进一步处理，达到国家或地方排放标准；干清粪与沼渣进行有机肥生产。该示范模式适用于区划一级禁养区和二级禁养区的养殖企业和养殖小区。

　　（二）工艺流程

　　（三）工艺单元技术要求

　　（1）粪污收集

　　按照《畜禽养殖污染防治工程技术规范》（HJ/T 81）的有关规定，畜禽养殖业污染治理应改变过去的末端治理观念，首先从生产工艺上引入清洁生产的理念，强调污染物减量化。新建、改建、扩

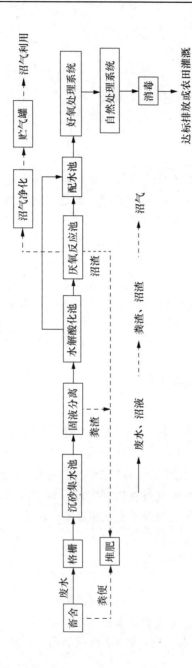

图1 规模化养殖技术工艺流程

建的养殖场宜采用用水量少的干清粪工艺，已建养殖场逐步进行工艺改造实现干清粪，使固体粪污的肥效得以最大限度的保留。特别是对采用示范工艺一区域，从工艺处理效果的角度更应强调粪污收集采用干清粪工艺。另外，从环境卫生角度考虑，要求养殖场做到畜禽粪污日产日清。并通过建立排水系统，实现雨污分流等手段减少污染物的产生和数量，降低污水中的污染物浓度，从而降低处理难度和处理成本。

（2）粪污贮存

为了便于适应土地的季节性利用，处理后的水进行还田资源化利用，畜禽粪污处理站应设置专门的贮存池。地埋式贮存池的池底应进行防渗处理，以防止对地下水造成二次污染。根据《畜禽养殖业污染防治技术规范》（HJ/T 81）的有关规定，贮存池容积应根据贮存期（贮存时间）确定，种养结合的养殖场，贮存池的总容积应不得低于当地农作物生产用肥的最大间隔时间内本养殖场所产生粪污的总量，一般按不少于30d的贮存期计算，确保不外溢造成污染。为了便于粪水从贮存池内排出，一般应配备泵。

（3）格栅

畜禽粪便水中通常含有大量的动物毛发、残余饲料、粪渣、粗砂及杂物等悬浮物，浓度非常高。这些悬浮物不仅可导致水泵、阀门和管道等机械设备损坏，而且可以导致管道堵塞，在厌氧器内发生淤积，减小有效容积，还会严重影响后续处理工艺的处理效果。因此畜禽粪污的处理必须强化预处理。养牛场粪污采用该处理工艺时预处理应有粪草分离、切割装置。养鸡场粪水混合前应先清除鸡粪中的羽毛。本示范规定，当废水中含有羽毛、毛发等漂浮物较多时，应考虑设置二级水力筛网、楔形筛网，以达到进一步去除杂质的目的。格栅按照GB 50014的有关规定执行。

（4）沉砂池

养鸡场和散放式奶牛场废水处理工程设计中，应考虑由于粪污中通常含有较多沙砾等杂质对处理系统的不利影响。因此为了避免机械设备的磨损，减少管渠和处理构筑物内的沉积，造成排泥困难，防止对生化处理系统运行产生干扰，以上两种类型的养殖废水一般应在集水池前设沉砂池（沉砂池可和格栅合建）；其他养殖废水的处理工艺可不单独设置沉砂池，但集水池应具有一定的沉砂功能。沉砂池砂斗的设计参照《城市粪便处理（场）设计规范》（CJJ 64）的有关规定。

（5）集水池

厌氧反应对水质、水量和冲击负荷较为敏感，相对稳定的水质、水量是厌氧反应器稳定运行的保证，因此厌氧反应器前应设置适当尺寸的集水池。由于养殖场一般每天上、下午各冲水一次，因而其最小容积不宜小于最大日废水产生量的50%。且因畜禽粪便废水中通常掺杂有较多的粪渣，因此集水池宜设水下搅拌混合装置，防止沉淀，在结构设计方面应方便去除浮渣和沉渣。当处理食草类动物粪污时，应增加集水池容积，使其具有化粪的功能。

（6）固液分离

采用示范一工艺必须强化预处理工艺，尽可能降低 SS 浓度。其主要目的在于：一方面由于 UASB 厌氧反应器和厌氧复合床反应器（UBF）对水中的悬浮物浓度要求较严格，当浓度高时易造成布水器的堵塞；另一方面，通过固液分离将畜禽粪污中的大量悬浮物 SS 以及 BOD_5、COD、悬浮物等提前分离出来，可大大减轻废水的处理难度，有利于缩短粪水处理时间，减少粪污处理设施的投资费用，降低水处理设施的运行费用。目前，我国已拥有成熟的固液分离技术和设备，设备类型主要有筛网、螺旋挤压分离机等。固液分离机的选用应考虑被分离物料的性质、流量、脱水要求，经技术经济比较后确定。当采用螺旋挤压分离机时，宜在排污收集后3h内进行污水的固液分离。

（7）水解酸化池

进水经固液分离的处理工艺，厌氧处理系统前宜设置水解酸化池。水解酸化池容积应根据工艺要求确定。进水经固液分离的，水力停留时间（HRT）宜为 12～24h。

（8）厌氧反应池

畜禽养殖废水属于高有机物浓度、高 N、P 含量和高有害微生物数量的废水，通常单独采用好氧处理方法很难达到排放或回用标准，厌氧技术成为畜禽养殖场粪污处理中不可缺少的关键技术，经厌氧处理后废水中的 COD 去除率达 80% ~ 90%，且运行成本相对较低。废水经厌氧处理后既可以实现无害化，同时还可以回收沼气和有机肥料，是解决畜禽粪便污水无害化和资源化问题最有效的技术方案，是集约化养殖场粪便污水治理的最佳选择。

目前，用于畜禽养殖粪污处理的厌氧工艺很多，较为成熟且常用的有全混合厌氧反应器（CSTR）、升流式固体反应器（USR）、推流式反应器（PFR）、升流式厌氧污泥床（UASB）、复合厌氧反应器（UBF）、厌氧过滤器（AF）、折流式厌氧反应器（ABR）等。其中 UASB、UBF、AF 和 ABR 等则要求进水的 SS 浓度较低，是示范工程一和示范工程二推荐采用的厌氧反应器类型。

（9）沼气、沼渣处置及利用

厌氧反应产生的沼气、沼渣及沼液应尽可能地实现综合利用，同时要避免产生二次污染。沼气经过脱硫、脱水等净化措施后，可根据实际情况通过输配气系统用于居民生活用气、锅炉燃烧等；沼气的净化、贮存参照《规模化畜禽养殖场沼气工程设计规范》（NY/T 1168—2006）8.5、8.6 的有关规定执行。

厌氧反应工艺产生的沼渣，应及时运至粪便堆肥场或其他无害化场所，得到妥善处理。采用示范二工艺的，沼渣达到 GB 7959 无害化要求后，必须全部资源化利用，严禁直接向环境排放。

根据处理模式的不同，沼液（厌氧出水）去向一般有两种：一是采用示范工程二工艺，经进一步固液分离后，沼液可作为农田、大棚蔬菜田、苗木基地、茶园等的有机肥，为了避免发生烧苗等情况，宜放置 2 ~ 3d 后再利用；二是采用示范工程一工艺经进一步处理后达标排放或回用。

二、规模化养殖场粪便处理技术工艺二

（一）工艺概况

该工艺模式主要是针对具有环境敏感度较小，且周边有可供利

用的农田，沼液和沼渣可以进行土地消纳地区。该工艺主要以污染物进行无害化处理，降低有机物浓度，减少沼液、沼渣消纳所需配套的土地面积为目的。

（二）工艺流程

（三）工艺单元技术要求

（1）~（9）同工艺一。

（10）好氧处理单元

示范工程二工艺的好氧反应单元前宜设置配水池，使厌氧出水与水解酸化池的一部分污水进行混合调配，确保好氧工艺进水的生化需氧量与化学需氧量的比值（BOD_5/COD）≥0.3。畜禽养殖废水中含有氮、磷浓度较高，一般应采用具有脱氮除磷功能的工艺。脱氨氮时，硝化反应要求进水的总碱度/氨氮的比值宜≥7.1；脱总氮时，反硝化反应要求进水的碳氮比（C/N）宜＞4，总碱度/氨氮宜≥3.6。本标准推荐采用具有脱氮功能的活性污泥法，如具有脱氮功能的 SBR、氧化沟、缺氧/好氧生物处理工艺等。好氧池的污泥负荷宜为 0.05~0.1 $kgBOD_5/$（kgMLVSS·d），污泥浓度宜为 2.0~4.0gMLSS/L，其他有关设计、配套设施和设备的规定参考 GB 50014 及工艺类工程技术规范的有关内容。考虑到目前我国有关好氧技术的研究比较深入，相关的标准规范、设计手册等技术资料也比较齐全，此处不再赘述。

（11）自然处理单元

畜禽养殖废水自然处理法主要有常规的稳定塘处理（包括好氧塘、兼性塘和水生植物塘等）、土地处理（包括慢速渗滤、快速渗滤、地面漫流）和人工湿地等。自然生物处理法不仅基建费用低，动力消耗少，而且设计运行良好时对氮、磷等营养物和细菌的去除率也高于常规的二级处理。该法的缺点主要是占地面积大、处理效果易受季节影响、易影响环境卫生（例如夏季稳定塘管理不善散发臭味影响周边环境）等。采用自然处理必须考虑对周围环境以及水体的影响，不得降低周围环境的质量，应根据区域特点选择适宜的自然处理方式。但如果养殖场附近有废弃的沟塘和滩涂可供利用时，

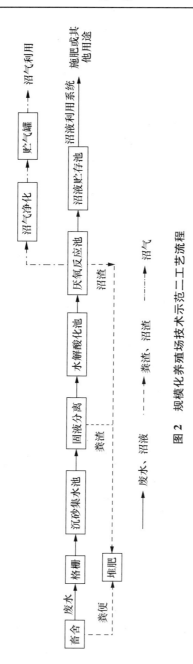

图 2　规模化养殖场技术示范二工艺流程

在通过环境影响评价和技术经济比较后应尽量选择该方法以节约投资和处理费用。为了确保取得良好的处理效果，自然处理工艺宜作为厌氧、好氧两级生物处理后出水的后续处理单元，对好氧出水进一步进行处理。

（12）消毒

由于畜禽养殖用水量较大，从节水减排的角度，积极鼓励废水的循环利用，例如处理出水经深度处理（沙滤、活性炭吸附等）和消毒处理后，可考虑作为畜舍等的冲洗水源。根据《畜禽养殖污染防治技术规范》（HJ/T 81）的有关规定，为防止产生氯代有机物或其他的二次污染物对环境及畜禽的影响，废水的消毒处理宜采用紫外线、臭氧、过氧化氢等非氯化消毒措施。

三、散养户粪便处理技术工艺

（一）工艺概况

为解决当地散养畜粪污所造成的面源污染，课题组在对比国内外相关治理技术和充分调研当地面源污染状况的基础上，提出了针对畜禽散养户的面源污染治理技术示范。

该示范技术以沼气工程为基础，建立好氧堆肥设施，对养殖所产生的大量多余粪污进行好氧强制堆肥处理，沼气所产生的沼渣、沼液以及堆肥后所产生的熟化肥料可作为有机肥直接还田，人粪尿可以直接接入沼气发酵罐进行发酵处理。

（二）工艺说明

示范工程主要包括厌氧发酵、好氧堆肥两部分，考虑到面源污染治理的完整性，加入改厕工程。

1. 厌氧发酵工艺

工艺流程如下：

配料接种：在备足发酵原料后，选取和采集优良的接种物混合拌料接种。接种物很多，正常发酵池中的料液、下水道污泥、酒厂和食品加工厂等污水集聚的阴沟污泥，都含有大量的沼气发酵菌种，均可采集为接种物。接种量占原料总量的10% -30%。接种时

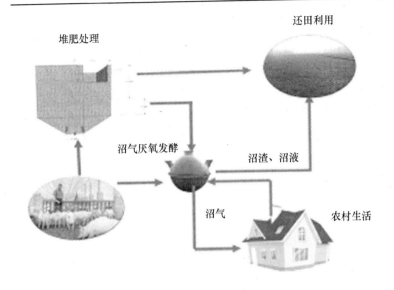

图 3　畜禽散养户粪污处理流程

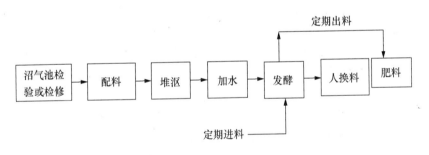

图 4　厌氧发酵工艺流程

搅拌要均匀，其方法是将发酵原料堆厚约30cm，上面泼洒均匀的接种物，边泼洒边拌匀，直至发酵原料混配完即可。

堆沤入池：将接种后的发酵原料进行堆沤。

加水封池：将池内堆沤好的发酵原料加水稀释调至适宜的浓度，然后用木杆来回搅动。在密封的池盖上经常要保持 3～5cm 的水层，以防胶泥干裂漏气。封池后要及时把输导气管、开关和炉具安装好，以待放气试火。沼气的发酵工艺至此完成。

沼气发酵微生物要求较多适宜的生活条件，它们对发酵原料、原料浓度、温度、酸碱度（pH 值）等其他各种环境因素都有较为严格的要求。不同研究区域不同季节沼气发酵运行条件相异。发酵只有充分满足微生物的生活条件，方可达到较为理想的产气量，通过对研究区域外界条件的充分调查以及全年不间断的沼气产气跟踪调查，提出了研究区域沼气运行的必要条件：

（1）沼气池建设的密闭性

沼气发酵必须在严格的厌氧环境下进行，特别是产生甲烷的甲烷菌是严格的厌氧菌，对氧特别敏感，它们不能在有氧的环境中生存，即便是有微量的氧存在，也会使发酵受阻，因此沼气设施建设的密闭性是人工取沼的首要条件。沼气罐选用了具有较强耐腐蚀性的玻璃钢材质，并经过了密闭性处理，从根本上解决了沼气池漏气、损坏开裂等问题，保证了沼气正常运行。

图 5　户用沼气设施安装现场

（2）适宜的畜禽粪便发酵浓度

农村家用沼气发酵是在常温条件下进行的，不同的季节变化原料的发酵浓度不同。根据试验结果，宁河县较为适宜的发酵浓度为

8%～12%。即夏季发酵浓度不能低于8%（干物质量）；北方地区冬季温度较低，发酵浓度不能低于10%（干物质量）。同时浓度不宜过高，浓度过高不利于沼气细菌的生命活动，发酵原料不易分解或分解缓慢，产气少而慢，而浓度过低，使池内发酵原料不足，产气量少，不能很好地发挥沼气池的作用，影响沼气生产。因此，一定要根据发酵原料含水量的不同和季节变化，在进料时加入相应数量的水。根据我们试验，冬季启动的沼气池，可在原料中加入温水，但水温不能高于40～50℃为宜。

（3）原料发酵温度、酸碱度（pH值）

农村家用沼气的发酵是在自然温度下进行的，一般在8～60℃条件下都能正常发酵产气。依据沼气发酵对温度条件的要求，在宁河县沼气生产中，夏季利用自然温度发酵，冬季可在沼气池上搭建塑料温棚，采取沼气池、猪舍、厕所"一池三改"的农业生态模式和沼气池、猪舍、厕所、蔬菜日光温室"四位一体"的生态模式，这样既满足了沼气正常发酵对温度条件的要求，解决了冬季农村用能的问题，同时也发展了养殖业和种植业，增加了农民收入。另外沼气发酵原料对酸碱度（pH值）也有严格的要求，沼气菌适宜在微碱环境中生活，测定宁河县当地畜禽粪污pH值控制在6.8～7.5较为合适。

2. 好养堆肥工艺

堆肥技术的主要区别在于维持堆体物料均匀及通气条件所使用的技术手段。根据技术的复杂程度，一般分为三类：条垛式、静态垛式、发酵仓式系统。

条垛式堆肥方法较为传统，它将堆肥物料以条垛式条堆状堆置，在好氧条件下进行发酵。垛的断面可以是梯形、不规则四边形或三角形。条垛式堆肥的特点是通过定期翻堆的方法通风，堆体最佳尺寸根据气候条件、翻堆使用的设备、堆肥原料的性质而定，该方法较为传统，需要投入一定人力对堆积肥料做定期翻堆。

发酵仓系统是将物料置于部分或者全部封闭的容器内，控制通气和水分条件，使之进行生物降解和转化的体系。发酵仓系统具有

图6　户用沼气设施入户

高度机械化和自动化的优点，并可收集堆肥过程产生的废气，减轻对环境的二次污染。作为动态发酵工艺，堆肥设备必须具有改善、促进微生物新陈代谢的功能。例如翻堆、曝气、搅拌、混合，通风系统控制水分、温度，同时在发酵的过程中自动解决物料移动及出料的问题，最终达到缩短发酵周期、提高发酵速率、提高生产效率、实现机械化大生产的目的，但该方法成本较高，不适于在农村大范围推广。

强制通风静态垛系统，它不同于条垛式系统之处在于堆肥过程中不是通过物料的翻堆而是通过鼓风机强制通风向堆体供氧，其能更有效确保高温和病原菌的灭活，其关键技术是通气系统，此方法成本低廉，无需投入过多人力，具有以下诸多优点：

（1）设备的投资相对较低；

（2）相对于条垛式系统，温度及通气条件得到更好的控制；产品稳定性好，能更有效地杀灭病原菌及控制臭味；

（3）由于条件控制较好，通气静态垛系统堆腐时间相对较短，一般为2~3周；

（4）由于堆腐期相对较短、填充料的用量少，因此占地也相对较少，堆肥池运行后，熟化肥料可直接还田。

　　鉴于该方法的诸多优势，本次堆肥选择了强制通风静态垛系统对部分畜禽粪便进行堆肥处理。

　　课题组根据农户现有的畜禽养殖粪便产生量以及沼气设施对粪污的消纳能力进行了具体的测算，进而提出了堆肥设施的设计方案。堆粪池设计容积 0.48m³，长 1m，宽 0.8m，高 0.6m。

图7　堆肥池建成后情况